FORSCHUNGSBERICHTE DES LANDES NORDRHEIN-WESTFALEN

Nr. 1676

Herausgegeben
im Auftrage des Ministerpräsidenten Dr. Franz Meyers
vom Landesamt für Forschung, Düsseldorf

Prof. Dr.-Ing. Dr. h. c. Herwart Opitz
Dr.-Ing. Wilfried Lehwald
Dipl.-Ing. Wolf-Dieter Neumann

Laboratorium für Werkzeugmaschinen und Betriebslehre
der Rhein.-Westf. Techn. Hochschule Aachen

Untersuchungen über den Einsatz von Hartmetallen beim Schrupp- und Schlichtfräsen von Stahl mit Messerköpfen

SPRINGER FACHMEDIEN WIESBADEN GMBH

ISBN 978-3-663-06535-7 ISBN 978-3-663-07448-9 (eBook)
DOI 10.1007/978-3-663-07448-9

Verlags-Nr. 011676

Ursprünglich erschienen bei Westdeutscher Verlag, Köln und Opladen 1966

Inhalt

1. Einleitung

Wegen ihrer höheren Warmhärte und Verschleißfestigkeit begannen die Hartmetalle schon bald nach ihrer Einführung in der Zerspantechnik vor etwa 40 Jahren den Schnellarbeitsstahl auf dem Gebiet des Drehens zu verdrängen. Im unterbrochenen Schnitt dagegen blieb der Einsatz der Hartmetalle, bedingt durch ihre geringe Zähigkeit, zunächst nur wenig erfolgreich. Lediglich bei der Bearbeitung von Grauguß im Fräsvorgang fanden Hartmetalle in zunehmendem Maße Verwendung. Erst durch eine Weiterentwicklung der Hartmetalle gelang es, die Zähigkeit so zu erhöhen, daß die heute im Handel erhältlichen Hartmetalle den durch den unterbrochenen Schnitt bedingten Schneidenbeanspruchungen, z. B. beim Fräsen von Stahl und Stahlguß, unter normalen Verhältnissen standhalten. Beim Schruppfräsen von Stahl mit hartmetallbestückten Messerköpfen führte das Streben nach großen Zerspanleistungen zur Anwendung möglichst hoher Schnittgeschwindigkeiten und Vorschüben [1]. Bei der Wahl derartiger Schnittbedingungen zeigen sich an den Hartmetallschneiden außer dem auch beim Drehen auftretenden Verschleiß auf der Span- und der Freifläche Verschleißerscheinungen in Form von Rissen, die – wie die Erfahrung zeigt [2] – häufig nach größeren Fräslängen zu Ausbrüchen führen können. Gerade bei mehrschneidigen Hartmetallwerkzeugen müssen Ausbrucherscheinungen auf jeden Fall vermieden werden, da bei Bruch eines Messers meist die folgenden ebenfalls mehr oder weniger stark beschädigt werden und damit die Wirtschaftlichkeit des Hartmetalleinsatzes in Messerköpfen in Frage gestellt wird [3].
Die Ursachen, die zur Bildung von Rissen und Ausbrüchen an Hartmetall-Fräsmessern führen, wurden bereits eingehend im Forschungsbericht des Landes Nordrhein-Westfalen Nr. 1146 [4] behandelt. Ergänzend hierzu wird im ersten Teil des vorliegenden Berichtes der Einfluß verschiedener Schnittbedingungen auf die Rißbildung an den Schneiden dargestellt und nach Zusammenhängen zwischen verschiedenen physikalischen und technologischen Kennwerten der Schneidstoffe und dem Verschleißverhalten der Werkzeuge gesucht.
Neben dem Schruppfräsen gewinnt in der modernen Fertigung das Fräsen von solchen Flächen, die neben einer hohen Oberflächengüte auch ein hohes Maß an Ebenheit aufweisen, eine zunehmende Bedeutung. An Werkzeugmaschinen müssen u. a. Führungsbahnen und Verbindungsflächen bearbeitet werden, während im Motoren- und Turbinenbau z. B. Dichtungsflächen herzustellen sind. Nach der in der Praxis vorliegenden Erfahrung [5] können derartige Flächen, deren Rauhtiefe plus Welligkeit weniger als 10μm betragen soll, einwandfrei durch Feinfräsen hergestellt werden, so daß sich zeit- und kostenintensive Schleif- und Schabearbeiten vermeiden lassen. Im zweiten Teil des Berichtes wird daher beson-

dere Aufmerksamkeit dem Feinfräsen von Stahl mit hartmetallbestückten Messerköpfen geschenkt. Die Untersuchungen beschränken sich auf das Einzahn-Breitschlichtfräsen, wobei der Einfluß verschiedener Schnittbedingungen auf die Oberflächengüte aufgezeigt wird.

2. Verschleißerscheinungen an Hartmetallen beim Einsatz im unterbrochenen Schnitt

Während des Zerspanvorganges finden im Bereich der Schneide eines Fräsmessers Verformungs-, Trenn- und Reibvorgänge statt. Die Werkzeuge unterliegen hierdurch hohen Beanspruchungen, die nach bestimmten Schnittlängen zu Verschleißerscheinungen führen, die in Abhängigkeit von den Schnittbedingungen und der Schneidstoff-Werkstoffpaarung als Schneidkantenabrundung, Spanflächen-, Kolk- und Freiflächenverschleiß auftreten können [6]. Darüber hinaus ist ein Fräsmesser, bedingt durch den unterbrochenen Schnitt, plötzlichen, kurzzeitig aufeinanderfolgenden Schnittkraft- und Temperaturwechseln ausgesetzt, welche die Bildung von Rissen und Ausbrüchen bewirken können.
Hartmetallwerkzeuge zeigen bei Fräsoperationen an Stahlwerkstoffen mit den heute üblichen Schnittgeschwindigkeiten und Vorschüben meist gleichzeitig Freiflächenverschleiß, Kolkverschleiß, Kammrisse und Querrisse (Abb. 1). Durch diese Verschleißgrößen wird unter normalen Schnittverhältnissen, also bei günstigen Eintritts- und Austrittsbedingungen des Fräsmessers [4], die Standzeit des Werkzeugs begrenzt. Unter dem Begriff der Standzeit wird dabei die Arbeitszeit des Werkzeugs zwischen zwei Anschliffen, d. h. bis zum Unbrauchbarwerden

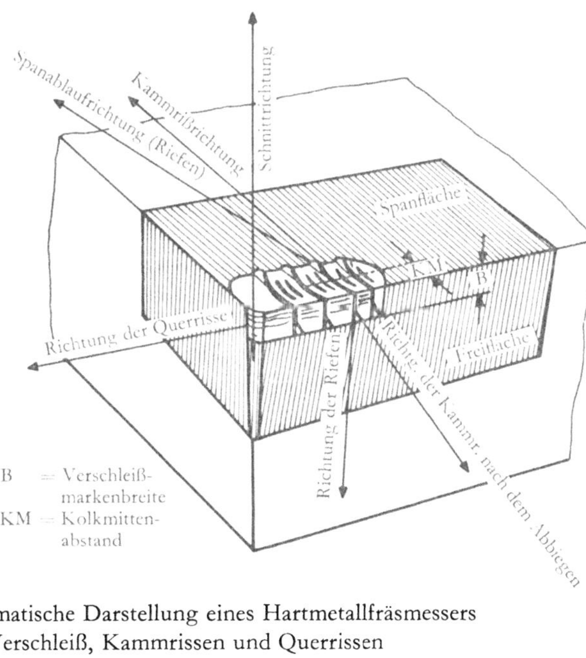

Abb. 1 Schematische Darstellung eines Hartmetallfräsmessers mit Verschleiß, Kammrissen und Querrissen

der Schneide oder bis zum Erreichen einer bestimmten Verschleißgröße, verstanden.
Der Freiflächenverschleiß, gekennzeichnet durch die Verschleißmarkenbreite B, beeinflußt die Maßgenauigkeit der gefrästen Werkstücke und führt außerdem zu schlechteren Oberflächengüten. Dem Verschleiß auf der Spanfläche des Werkzeuges, dem sogenannten Kolkverschleiß, kommt bei Hartmetallwerkzeugen eine besondere praktische Bedeutung zu, da er den Keilwinkel des Werkzeuges verringert und so infolge der höheren Bruchempfindlichkeit des Hartmetalls erheblich leichter zum Ausbruch der Schneiden führt als vergleichsweise bei Schnellarbeitsstahl. Wegen der stoßartigen Belastung beim Fräsen kann nur ein geringerer Kolkverschleiß als beim Drehen zugelassen werden, bevor die Werkzeuge ausbrechen. Das maximal zulässige Verhältnis von Kolktiefe KT zu Kolkmittenabstand KM beträgt etwa K = KT/KM = 0,2 [3].
Beim Fräsen ist gegenüber dem Drehen ein wesentlich schnelleres Verschleißwachstum bei vergleichbaren Schnittbedingungen festzustellen. Diese Erscheinung läßt sich im wesentlichen auf die Schnittunterbrechung zurückführen [3]. Dabei tritt der Kolkverschleiß gegenüber dem Freiflächenverschleiß, abgesehen von hohen Schnittgeschwindigkeiten, wesentlich zurück.
Bei den Rissen, die unter normalen Schnittbedingungen an Hartmetallfräsmessern zu beobachten sind, ist im wesentlichen zwischen den »Kammrissen«, die von der Spanfläche über die Werkzeugschneide zur Freifläche hin verlaufen, und den sogenannten »Querrissen« zu unterscheiden, die sich nur auf der Freifläche der Werk-

Abb. 2 Ausbruch infolge von Kamm- und Querrissen
(Hartmetall P 25, $\gamma_0 = 12°$, $\lambda = -18°$, Stahl Ck 45, $v = 208$ m/min)
$a \cdot s = 4 \cdot 0{,}25$ mm^2
$L_z = 520$ cm

zeuge ausbilden. Während Kammrisse bereits im allgemeinen nach einer geringen Anzahl von Anschnitten beobachtet werden können, treten die Querrisse erst nach größeren Fräslängen auf. Beide Rißarten führen in Verbindung mit dem Kolkverschleiß häufig dazu, daß Teile der Schneiden ausbrechen (s. Abb. 2). In den folgenden Kapiteln wird daher besonders der Einfluß verschiedener Schnittbedingungen auf die Bildung von Kamm- und Querrissen untersucht.

3. Kammrisse

3.1 Hypothese für die Entstehung von Kammrissen

Beim Fräsen sind die Schneiden durch den unterbrochenen Schnitt starken thermischen Wechselbeanspruchungen unterworfen. Die Schneide wird in periodischem Wechsel während des Schnittes erhitzt und anschließend während des Leerlaufs des Fräsmessers an Luft abgekühlt. Die dabei im Werkzeug herrschenden Temperatur- und Spannungsverhältnisse sind in Abb. 3 dargestellt.

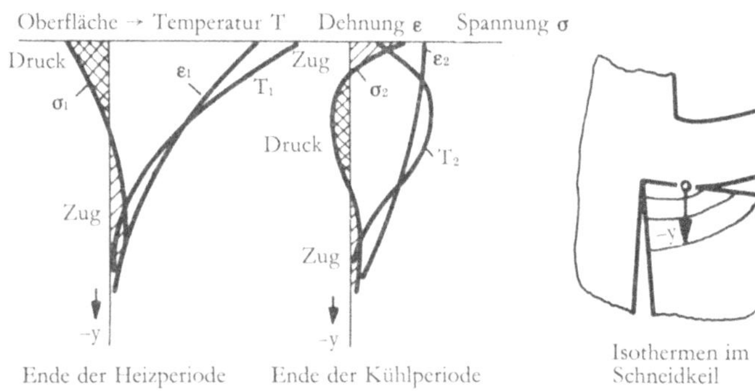

Abb. 3 Temperaturen, Spannungen und Dehnungen im Schneidkeil beim unterbrochenen Schnitt [31]

Die Aufheizung der Kontaktzonen des Werkzeuges durch die Zerspanungswärme führt während des Schnittes zur Ausbildung eines steilen Temperaturgefälles im Schneidkeil. Die erhitzte Oberflächenschicht kann sich jedoch infolge der tiefer liegenden kälteren Zonen nur in beschränktem Maße ausdehnen. Die Folgen davon sind Druckspannungen in der Oberflächenschicht und Zugspannungen in der darunter liegenden Schicht. Die Abkühlung der Kontaktzonen während des Leerlaufs des Messerkopfes bewirkt eine Spannungsumkehr. An der Oberfläche entstehen Zugspannungen; dementsprechend baut sich unter der Oberfläche ein Druckspannungsgebiet und darunter wiederum eine Zone mit Zugspannungen auf. Während der Aufheizperiode führen die Druckspannungen an der Oberfläche zusätzlich zu einer plastischen Stauchung [31], sobald die Elastizitätsgrenze überschritten wird. Anschließend folgt dann während der Abkühlung eine plastische Dehnung. Diese Erscheinung ist besonders für Hartmetalle wegen ihrer geringen Ausdehnung von großer Bedeutung. Je größer nämlich die periodischen Verformungen sind, um so schneller werden sich an der Oberfläche der

Schneide Risse bilden und anschließend tiefer in den Schneidstoff eindringen. Demnach ist ein Schneidstoff um so empfindlicher gegen Temperaturwechsel, je geringer sein Verformungswiderstand und seine Elastizitätsgrenze bei hohen Temperaturen sind. Eine Bestätigung dieser Annahme geben Untersuchungen von PEKELHARING [30] über die Rißbildung beim Drehen mit Schneidkeramik. Während beim Fräsen von Stahl mit Hartmetall die ersten Kammrisse im allgemeinen erst nach einer größeren Anzahl von Anschnitten beobachtet werden können [4], traten hier infolge der höheren Wärme und geringeren Zähigkeit die ersten Kammrisse bereits nach zwei bis drei Schnittunterbrechungen auf.

Über die Richtung der Risse an der Schneide geben Analogieversuche von SHINOZAKI und HERADA [7] Auskunft. Die Autoren erhitzten rechteckige Keramikplatten von $13 \times 13 \times 5\ mm^3$ an der Oberfläche mit Hilfe eines Autogen-Schweißbrenners auf etwa 1300°C und schreckten sie anschließend mit einem Wasser-Sprühnebel ab. Nach der Abschreckung zeigte sich auf den Oberseiten der Keramikplättchen ein Netzwerk von Rissen. Während die Risse im Zentrum der abgeschreckten Fläche keine einheitliche Orientierung aufwiesen, bildeten die zu den Probenkanten hin auslaufenden Risse mit den Kanten einen Winkel von etwa 90°. Diese Risse deuten darauf hin, daß die Probenkanten im Gegensatz zum Zentrum schubspannungsfrei sind und daß die Risse folglich rechtwinklig zur Richtung der Hauptspannungen entstehen.

Zur Erklärung der Spannungsverhältnisse können folgende einfachen Modellvorstellungen dienen: Es wird zunächst die Spanfläche des Werkzeuges als unendliche Ebene mit der Grundtemperatur t_1 angenommen. Eine Abkühlung auf die Temperatur t_2 bewirkt Zugspannungen, die der Temperaturdifferenz proportional sind.

Allgemein:

$$\sigma = E \cdot \varepsilon = E \cdot \alpha \cdot \Delta t$$

In y-Richtung wirkte die Spannung σ_1, in z-Richtung die Spannung σ_2. Unter Berücksichtigung der Querkontraktion ergeben sich die Dehnungen:

$$\varepsilon_1 = \frac{1}{E} (\sigma_1 - \nu \sigma_2)$$

in y-Richtung und

$$\varepsilon_2 = \frac{1}{E} (\sigma_2 - \nu \sigma_1)$$

in z-Richtung.

Sind die Spannungen σ_1 und σ_2 gleich groß ($\sigma_1 = \sigma_2 = \sigma_a$), folgt:

$$\varepsilon_1 = \varepsilon_2 = \frac{\sigma_a}{E} (1 - \nu)$$

Die Spannungen in der Spanfläche betragen dann

$$\sigma_{sp} = \frac{E}{1 - \nu} \cdot \varepsilon$$

$$\sigma_{sp} = \frac{E}{1 - \nu} \alpha \cdot \Delta t \qquad (1)$$

Betrachtet man nun die endliche Fläche, die durch die y-Achse begrenzt wird, so ist diese zur Kante hin – in z-Richtung – frei, d. h. an der Kante ist $\sigma_2 = 0$. In der Kante, die der Schneide am Werkzeug entspricht, ergibt sich die Normalspannung zu

$$\sigma_{sch} = E \cdot \alpha \cdot \Delta t \qquad (2)$$

Aus den Gln. (1) und (2) folgt, daß die Spannungen in der Spanfläche des Werkzeuges – gleiches Δt vorausgesetzt – größer sind als an der Schneide. Hinzu kommt, daß die höchste Temperatur nicht an der Schneide, sondern etwa in der Kontaktzone bzw. Kolkmitte liegt [13], d. h.

$$\Delta t_{sp} < \Delta t_{sch}$$

Auf Grund dieser Überlegungen ist daher immer

$$\sigma_{sp} < \sigma_{sch}$$

womit die an anderer Stelle [4] bereits getroffene Annahme bestätigt wird, daß die Kammrisse nicht von der Schneide ausgehen, sondern ihren Ursprung in der Spanfläche haben.

3.2 Einfluß der Fräslänge und der Spanungsdicke auf die Kammrißzahl

Der Einfluß der Fräslänge bzw. der Anzahl der Anschnitte auf die Kammrißzahl bei verschiedenen Spanungsdicken geht aus Abb. 4 hervor. Die Anzahl der Kammrisse wächst zunächst mit steigender Anschnittzahl nach einer Exponentialfunktion. Von einer bestimmten Fräslänge an nimmt sie nicht mehr zu. Diese Kammrißzahl wird in den folgenden Ausführungen mit »Endkammrißzahl« bezeichnet. Die Abb. 4 zeigt, daß beim Fräsen mit größeren Spanungsdicken geringere Endkammrißzahlen entstehen als bei kleineren Spanungsdicken. Bei den Versuchen wurde die Schnittbreite $e = 100$ mm konstant gehalten. (Die Schnittbreite ist die Breite der vom Messerkopf in einem Überlauf bearbeiteten Fläche.)
Das Versuchsergebnis läßt folgende Schlüsse zu:
Eine größere Spanungsdicke ruft zwar bei kaltem Werkzeug eher Kammrisse hervor, führt jedoch nach größeren Fräslängen zu einer stärkeren Erhöhung der mittleren Temperatur des Werkzeugs als beim Fräsen mit geringen Spanungsdicken. Die Folge davon ist eine Verminderung des Wärmegefälles im Hartmetall, wodurch eine Verringerung der Kammrißzahl bewirkt wird. Weiterhin dürfte entsprechend der Abnahme der spezifischen Schnittkraft mit größer werdender Spandicke [8, 9] auch die spezifische thermische Belastung geringer werden, was gleichfalls zu einer Verringerung der Endkammrißzahl beiträgt.

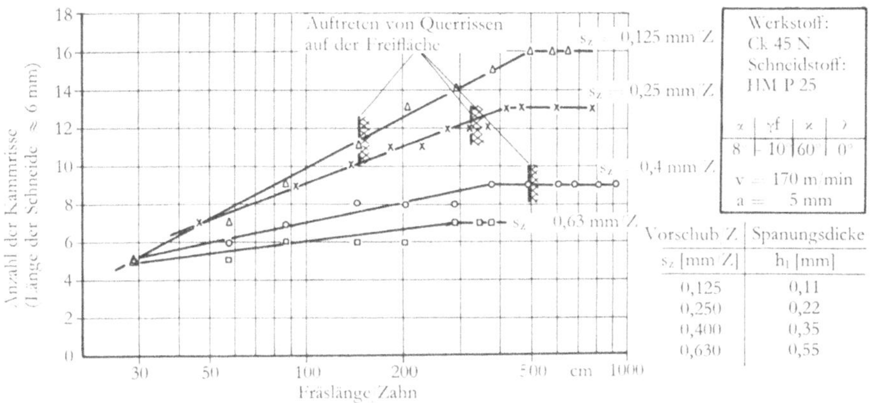

Abb. 4 Einfluß der Spanungsdicke auf die Kammrißbildung

3.3 Einfluß der Schnittgeschwindigkeit auf die Kammrißbildung

Bei gleicher Schnittbreite, d. h. gleichem Verhältnis der Aufheizzeit zur Abkühlzeit des Fräsmessers führen höhere Schnittgeschwindigkeiten zu höheren Temperaturen in der Kontaktzone und damit zu höheren Temperaturgradienten als niedrige Schnittgeschwindigkeiten. Die Folge davon ist eine verstärkte Kammrißbildung (Abb. 5). Abgesehen von der niedrigsten der untersuchten Schnittgeschwindigkeiten, bei der sich die Endkammrißzahl erst nach etwa 780 cm Fräslänge einstellte, war die Schnittgeschwindigkeit praktisch ohne Einfluß auf

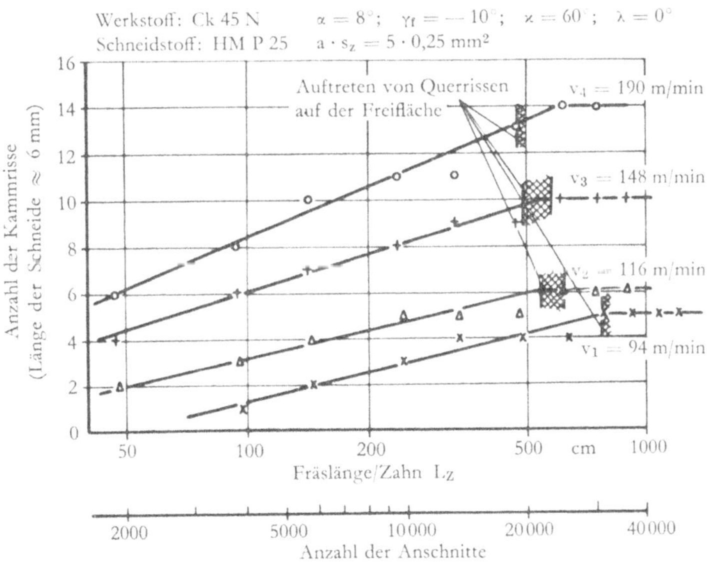

Abb. 5 Einfluß der Schnittgeschwindigkeit auf die Kammrißbildung

die Anzahl der Anschnitte, nach der die Endkammrißzahl erreicht war. Bei noch niedrigeren Schnittgeschwindigkeiten traten in dem untersuchten Bereich keine Kammrisse auf. Diese Erfahrung deckt sich mit Untersuchungen von OKUSHIMA und HOSHI [10], in denen eine »kritische Schnittgeschwindigkeit« als untere Grenze für die Kammrißbildung definiert wird.

3.4 Einfluß der Schnittbreite auf die Kammrißbildung

Ähnliche Ergebnisse in bezug auf die Kammrißbildung wie beim Fräsen mit verschiedenen Vorschüben zeigten sich auch bei der Bearbeitung von Werkstücken mit unterschiedlicher Schnittbreite (Abb. 6). Für die geringeren Endkammrißzahlen beim Fräsen mit größeren Schnittbreiten dürfte ebenfalls die höhere mittlere Temperatur des Hartmetallfräsmessers verantwortlich sein, die zu einem geringeren Wärmegefälle in den Kontaktzonen führt. Die Grundtemperatur ist dabei sowohl durch die längere Aufheizdauer während des längeren Schnittweges als auch infolge des kürzeren Abkühlweges höher als bei kleineren Schnittbreiten. Eine Einflußgröße, die in das Versuchsergebnis eingeht und die sich praktisch nicht eliminieren läßt, ist die Spandicke. Sie ist infolge der unterschiedlichen Schnittbogenlängen und der Werkstückanstellung in den Versuchen verschieden. Die Untersuchungen lassen jedoch den Schluß zu, daß unter den gewählten Bedingungen der Einfluß der Spandicke gegenüber dem Einfluß der Schnittbreite vernachlässigbar ist.

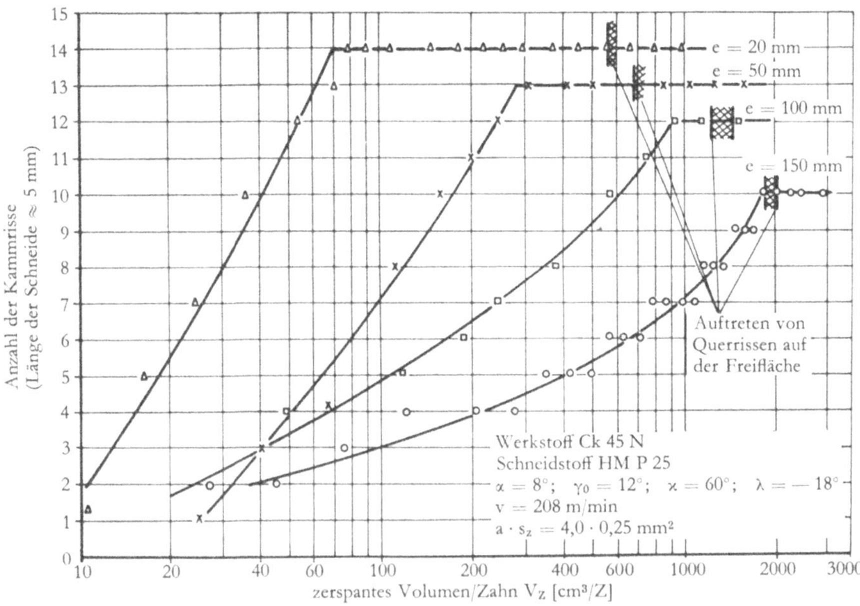

Abb. 6 Einfluß der Schnittbreite auf die Kammrißbildung

4. Querrisse

Auf der Freifläche des in Abb. 2 wiedergegebenen Fräsmessers sind mehrere paralell zur Schneide verlaufende Querrisse zu erkennen. OKUSHIMA und HOSHI [10, 11] stellten bei Fräsversuchen mit relativ kleinen Neigungswinkeln ($\lambda = 3{,}5°$ bis $-5°$) fest, daß die Querrisse stets rechtwinklig zu den Kammrissen verlaufen, und schlossen daraus, daß es sich bei den Querrissen wie bei den Kammrissen um Wärmespannungsrisse handelt. Diese Annahme ist jedoch nicht richtig, da die Richtung der Kammrisse wesentlich durch die Größe des Neigungswinkels bestimmt wird [4] und nur bei kleinen Neigungswinkeln die Kammrisse etwa senkrecht zu der Schneidkante verlaufen. Bei Fräsmessern der Zerspanungsanwendungsgruppe P 25, die unter größeren negativen Neigungswinkeln eingesetzt wurden, war zu beobachten, daß die Querrisse nicht in allen Fällen rechtwinklig zu den Kammrissen verlaufen. Die Abb. 2 läßt erkennen, daß die Querrisse rechtwinklig zur Schnittrichtung und damit rechtwinklig zur Richtung der Hauptschnittkraft liegen. Die Kammrisse folgen dagegen auf der Freifläche nur zunächst in einem kleinen Bereich der Schnittrichtung; vom ersten Drittel der Verschleißmarkenbreite an biegen sie jedoch von dieser Richtung ab. Man kann annehmen, daß ihr Verlauf dabei dem Gradienten des Temperaturfeldes entspricht. Aus den Fräsversuchen ging außerdem hervor, daß das Vorhandensein von Kammrissen nicht unbedingt eine Voraussetzung für das Auftreten von Querrissen ist. Es wurde festgestellt, daß Werkzeuge ohne Eckenrundung und Facette bei Fräsversuchen in dem an die Schneidenecke angrenzenden Schneidenteil (etwa $1/5$ der im Eingriff befindlichen Schneidenlänge) keine Kammrisse zeigten. Diese Erscheinung kann darauf zurückgeführt werden, daß sich die Schneide in diesem Teil bei hohen Temperaturen frei ausdehnen kann. Es bildeten sich jedoch in dieser Schneidenzone nach entsprechenden Fräslängen in mehreren Schichten Querrisse aus, so daß die Annahme berechtigt ist, daß die Querrisse im Gegensatz zu den Kammrissen nicht thermischen Ursprungs sind, sondern daß sie vielmehr Dauerbrüche darstellen, die durch die Schnittkraftwechsel hervorgerufen werden. Sie sind demnach die Folge einer rein mechanischen Druckschwellbelastung. Bei Werkstoffen wie Stahl kann zwar infolge von Druckspannungen kein Dauerbruch auftreten, da nur durch Zugspannungen die Trennfestigkeit überwunden wird. Nach SIEBEL [12] beobachtet man dennoch Dauerrisse bei Druckschwellbeanspruchung. Wird z. B. eine einseitig gekerbte Probe so hoch belastet, daß im Kerbgrund die Quetschgrenze überschritten wird, so werden die Werkstoffteilchen in der näheren Umgebung der Kerbe plastisch gestaucht. Bei der Entlastung können sie nicht mehr ihre ursprüngliche Länge erreichen, so daß sich Zugeigenspannungen ausbilden. Bei Werkstoffen wie den Hartmetallen, die sich durch eine regellose Orientierung der elastisch anisotropen Kristalle gekennzeichnet sind, ist es daher denkbar, daß sich an den Korngrenzen, wo zwei Kristalle in einer Fläche, drei Kristalle längs einer Kante oder vier Kristalle in einer Ecke zusammenstoßen, eine ähnliche Kerbwirkung einstellt, die zu Zugeigenspannungen im Hartmetallgefüge führt. Bei gleichzeitiger Verringerung der Zugfestigkeit durch die Schneidentemperatur können sich somit auf der Freifläche eines Hartmetallfräsmessers Risse als Folge der rein mechanischen, durch die Schnittkraft hervorgerufenen Druckschwellbelastung ausbilden.

4.1 Einfluß des Freiflächenverschleißes auf den Querrißbeginn

Über den Querrißbeginn beim Fräsen mit Hartmetallen verschiedener Zerspanungsanwendungsgruppen gibt Tab. 1 Aufschluß. Bei den Versuchen wurden die Hartmetalle der verschiedenen Zerspanungsanwendungsgruppen unter gleichen Schnittbedingungen eingesetzt (s. Kap. 5). Da die gewählte Schnittgeschwindigkeit für die Hartmetalle P 30 und P 40 gegenüber den sonst üblichen Werten zu hoch ist, und die Hartmetalle dieser Gruppen demnach bereits nach relativ geringen Fräslängen hohen Verschleiß zeigten, besitzen die bis zum Querrißbeginn erreichten Anschnittzahlen nur bedingte Aussagefähigkeit. Aus Tab. 1 geht

Tab. 1 Querrißbeginn und kritische Verschleißmarkenbreite an Hartmetallen verschiedener Zerspanungsanwendungsgruppen

Hartmetall	Anzahl der Anschnitte bis zum Querrißbeginn	Kritische Verschleißmarkenbreite B_{krit} [mm]
P 10	38 000	0,32
P 20	17 000–38 000	0,35–0,37
P 25	10 000–22 000	0,25–0,34
P 30	8 500–15 000	0,34–0,38
P 40	8 500–12 000	0,32–0,35

P 10 bis P 40 beim Fräsen von Stahl Ck 45 N
$v = 170$ m/min; $a \cdot s_z = 5 \cdot 0{,}25$ mm²; $D = 240$ mm ⌀
Schnittbreite $e = 100$ mm

jedoch hervor, daß unter den genannten Schnittbedingungen bei den Hartmetallen aller untersuchten Sorten eine »kritische Verschleißmarkenbreite« (die zwischen 0,25 mm und 0,38 mm liegt) erforderlich ist, um die Bildung von Querrissen herbeizuführen. Die angegebenen Verschleißmarkenbreiten gelten jedoch nur für Schnittbreiten von etwa $e = 100$ mm. Wie Fräsversuche mit unterschiedlicher Schnittbreite zeigten, hat diese einen wesentlichen Einfluß auf den Querrißbeginn (Kap. 4.4). Nach Küsters [13, 14] ist die Ausbildung von Freiflächenverschleiß mit einer erheblichen Temperaturerhöhung auf der Freifläche verbunden, die sich darin zeigt, daß sich beim scharfen Werkzeug unmittelbar unterhalb der

Spanflächenkontaktzone liegenden Isothermen zur Freifläche hin abbiegen. Es kann daher vermutet werden, daß die Wechselfestigkeit der untersuchten Hartmetalle durch eine derartige Temperaturerhöhung auf der Freifläche erheblich vermindert wird. Trotz der relativ geringen, durch die spezifische Schnittkraft bedingten Druckschwellbelastung, die je nach dem bearbeiteten Werkstoff und der gewählten Spanungsdicke etwa 200–350 kp/mm^2 beträgt [9], können somit nach Erreichen der Bruchlastspielzahl Querrisse auftreten.

4.2 Einfluß der Spanungsdicke auf den Querrißbeginn

In Abb. 4 sind für das Fräsen von Stahl Ck 45 mit verschiedenen Spanungsdicken schraffiert die Grenzen für das erste Auftreten von Querrissen eingezeichnet. Die Tab. 2 gibt die bis zum Querrißbeginn erreichten Anschnittzahlen sowie die zugehörigen kritischen Verschleißmarkenbreiten wieder. Die Tabelle läßt erkennen, daß die Anschnittzahlen mit Ausnahme des letzten Versuches (h_1 = 0,55 mm), bei dem das Fräsmesser nach 4140 Anschnitten durch Gewaltbruch zerstört wurde, in einem relativ engen Bereich liegen, und daß die kritischen Verschleißmarkenbreiten ebenfalls etwa gleich sind. Da die Querrisse infolge ihrer Feinheit meist nicht sofort nach ihrem Auftreten erkennbar sind, ergeben sich bei der Auswertung gewisse subjektive Fehler. Theoretisch wäre zu erwarten gewesen, daß infolge der kleineren spezifischen Schnittkraft [9] die Querrisse beim Fräsen mit der Spanungsdicke von h_1 = 0,35 mm am spätesten auftreten.

Tab. 2 Querrißbeginn und kritische Verschleißmarkenbreite beim Fräsen von Stahl Ck 45 N *mit verschiedenen Spanungsdicken*

Vorschub/Zahn s_z [mm/Z]	Spanungsdicke h_1 [mm]	Anzahl der Anschnitte bis zum Rißbeginn etwa	Kritische Verschleißmarkenbreite B_{krit} [mm]
0,125	0,11	11 500	0,32
0,25	0,22	12 900	0,34
0,4	0,35	12 300	0,3
0,63	0,55	(nicht erreicht)	–

Schneidstoff: Hartmetall P 25
v = 170 m/min; a = 5 mm; D = 240 mm ⌀
Schnittbreite e = 100 mm

4.3 Einfluß der Schnittgeschwindigkeit auf den Querrißbeginn

Zu den in Abb. 5 schraffiert angegebenen Grenzen für das Auftreten von ersten Querrissen auf der Freifläche gibt Tab. 3 die zugehörigen Anschnittzahlen sowie

Tab. 3 Querrißbeginn und kritische Verschleißmarkenbreite beim Fräsen von Stahl Ck 45 N *mit verschiedenen Schnittgeschwindigkeiten*

Schnittgeschwindigkeit v [m/min]	Fräslänge/Zahn L_z [cm/Z]	Anzahl der Anschnitte bis zum Rißbeginn etwa	Kritische Verschleißmarkenbreite B_{krit} [mm]
94	785	31 400	0,37
116	540–620	21 600–24 800	0,35–0,38
148	490–580	19 600–23 200	0,34–0,36
190	470	18 800	0,38

Schneidstoff: Hartmetall P 25
$a \cdot s_z = 5 \cdot 0{,}25$ mm²; $D = 240$ mm ⌀
Schnittbreite $e = 100$ mm

die kritische Verschleißmarkenbreite wieder. Aus der Tabelle ist ersichtlich, daß die kritischen Verschleißmarkenbreiten nur wenig unterschiedlich sind. Nach Küsters [13, 14] bedingt eine höhere Schnittgeschwindigkeit höhere Schneidentemperaturen. Es kann somit angenommen werden, daß eine höhere Schnittgeschwindigkeit zu einer stärkeren Verminderung der Wechselfestigkeit des Hartmetalls und damit zu einer geringeren Bruchlastspielzahl führt. Hinzu kommt, daß das Werkzeug bei höheren Schnittgeschwindigkeiten schneller verschleißt, so daß die kritische Verschleißmarkenbreite eher erreicht ist und sich der Querrißbeginn zu noch niedrigeren Anschnittzahlen hin verschiebt.

4.4 Einfluß der Schnittbreite auf den Querrißbeginn

Während in den vorhergehenden Kapiteln bei der Untersuchung der Einflußgrößen des Querrißbeginns die Schnittbreite mit $e = 100$ mm konstant war, läßt Abb. 7 erkennen, daß die Schnittbreite einen maßgeblichen Einfluß auf die Verschleißmarkenbreite und damit auch auf den Querrißbeginn hat. Das Diagramm zeigt, daß sich die »kritische Verschleißmarkenbreite« mit wachsender Schnittbreite zu höheren Werten verschiebt. Unter dieser Annahme wäre das nach etwa gleichen Anschnittzahlen beobachtete Auftreten von Querrissen beim Fräsen mit $e = 50$, 100 und 150 mm Schnittbreiten als zufällig zu betrachten. Die in Abb. 7 wiedergegebenen Untersuchungsergebnisse lassen jedoch auch eine weitere Erklärung des Begriffs der »kritischen Verschleißmarkenbreite« zu.
Betrachtet man die Verschleißkurve für eine Schnittbreite von $e = 20$ mm, so zeigt sich, daß die kritische Verschleißmarkenbreite hier etwa bei $B_{krit} = 0{,}23$ mm liegt und erst nach ungefähr 26000 Lastspielen erreicht ist. Nimmt man an, daß diese kritische Verschleißmarkenbreite auch für größere Schnittbreiten gilt, so läßt sich das gleichzeitige Auftreten von Querrissen bei den Schnittbreiten von

$e = 50$, 100 und 150 mm besser erklären als oben. Es wird angenommen, daß der kritischen Verschleißmarkenbreite von $B_{\text{krit}} = 0{,}23$ mm in der Zone unterhalb der Schneide eine bestimmte Temperatur und damit eine bestimmte Wechselfestigkeit des Hartmetalls zuzuordnen ist, die sich auch bei weiterem Anwachsen des Verschleißes nicht ändert. Zu dieser Wechselfestigkeit gehört eine bestimmte Bruchlastspielzahl, die, wie Abb. 7 zeigt, bei etwa 13000–14000 Lastspielen liegt. Man kann demnach bei geringeren Schnittbreiten – ohne daß Querrisse auftreten – solange fräsen, bis die kritische Verschleißmarkenbreite erreicht ist; bei größeren Schnittbreiten wird diese Verschleißmarkenbreite zwar früher überschritten, Querrisse treten jedoch erst nach der zugehörigen Bruchlastspielzahl auf. Der bei dieser Bruchlastspielzahl gemessene und in den vorherigen Kapiteln als »kritische Verschleißmarkenbreite« bezeichnete Freiflächenverschleiß wäre demnach nur als »scheinbare« kritische Verschleißmarkenbreite anzusehen. Die bei der Schnittbreite $e = 100$ mm ermittelte »scheinbare« kritische Verschleißmarkenbreite $B_{\text{krit}} = 0{,}37$ mm entspricht den in den vorigen Kapiteln genannten Werten.

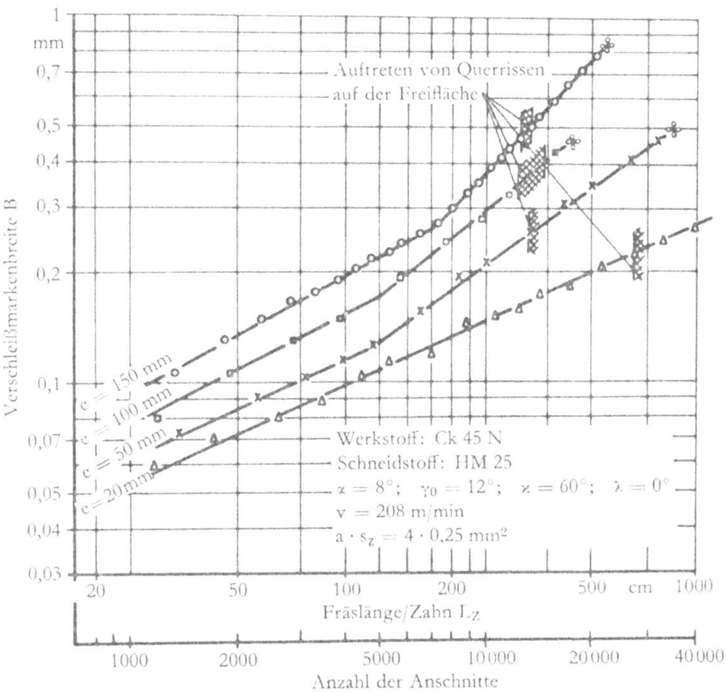

Abb. 7 Verschleißmarkenbreite und Querrißbeginn beim Fräsen mit verschiedenen Schnittbreiten

5. Prüfung von Hartmetallen im Hinblick auf die Schneidenbelastung im unterbrochenen Schnitt

Seit längerer Zeit werden an verschiedenen Versuchstellen Untersuchungen durchgeführt, um geeignete Prüfverfahren zu finden, die brauchbare Daten über das Verschleißverhalten der Hartmetalle und insbesondere über die Rißbildung und Entstehung von Schneidenausbrüchen ergeben, ohne die Hartmetalle in zeit- und kostenmäßig aufwendigen Langzeit-Fräsversuchen einsetzen zu müssen [4]. Im Vordergrund steht dabei das Bestreben, seitens der Hartmetallverbraucher die eingekauften Schneidstoffe zu kontrollieren bzw. aus der Vielzahl der auf dem Markt angebotenen Hartmetalle die jeweils am besten geeigneten auszusuchen.
Unter den zur Prüfung von Hartmetallen zur Verfügung stehenden Prüfverfahren soll in den folgenden Kapiteln die Bestimmung der Härte, des spezifischen Gewichtes und der Zähigkeit mittels Sprödrißuntersuchung durch Kugeleindrücke untersucht und auf ihre Aussagefähigkeit insbesondere im Hinblick auf die Verschleißerscheinungen beim unterbrochenen Schnitt überprüft werden.
Zu diesem Zweck wurden Langzeit-Fräsversuche mit Hartmetallen der Zerspanungsanwendungsgruppen P 10, P 20, P 25, P 30 und P 40 verschiedener Hartmetallhersteller bei folgenden Schnittbedingungen durchgeführt:

Werkstoff:	Stahl Ck 45 N ($\sigma_B = 68$ kp/mm²)
Werkzeug:	Einzahn-Messerkopf, $D = 240$ mm ⌀ mit geklemmten Hartmetallplatten der Form A 20 bzw. C 20

Schneidengeometrie

Freiwinkel:	α	$= 8°$
Spanwinkel:	γ_0	$= 6°$
Fasenspanwinkel:	γ_f	$= -10°$
Breite der Spanflächenfase:	$b_{\gamma F}$	$= 1{,}5$ mm
Neigungswinkel:	λ	$= 0°$
Einstellwinkel:	$\varkappa$	$= 60°$
Einstellwinkel der Eckenfase:	$\varkappa_{ef}$	$= 45°$
Breite der Eckenfase:	b_{ef}	$= 0{,}5$ mm
Einstellwinkel der Nebenschneide:	$\varkappa_N$	$= 3°$

Die Werkstücke lagen in Abmessungen von 300×100 mm² vor. Die Werkstückanstellung wurde so gewählt, daß die Werkstückoberkante 30 mm über der Frässpindelmitte lag. Diese Anstellhöhe ergibt bei der gewählten Schneidengeometrie und einem Eingriffswinkel von $\varepsilon = 14{,}5°$ V-Kontakt [29].
Sämtliche untersuchten Hartmetalle der Zerspanungsanwendungsgruppen P 10, P 20, P 25, P 30 und P 40 wurden bei einer Schnittgeschwindigkeit von 170 m/min und einem Spanungsquerschnitt von $a \cdot s = 5 \cdot 0{,}25$ mm² eingesetzt.

Bei diesen Untersuchungen wurde der Verschleiß auf der Freifläche und der Spanfläche ermittelt sowie die Bildung von Kamm- und Querrissen untersucht. Über die Versuchsergebnisse wurde bereits an anderer Stelle ausführlich berichtet [4]. In den Kapiteln 6.3, 7 und 8 sind die den Untersuchungen entnommenen Kennwerte für das Verschleißverhalten der Schneidstoffe der Härte, dem spezifischen Gewicht und einer Kenngröße für die Zähigkeit gegenübergestellt. Neben den Langzeit-Fräsversuchen wurden Kurzzeit-Drehversuche mit Hartmetallen der Zerspanungsanwendungsgruppen P 10 bis P 40 durchgeführt. Es besteht somit die Möglichkeit, zu überprüfen, ob zwischen verschiedenen physikalischen und technologischen Kennwerten der Stähle und dem Verschleißverhalten ein Zusammenhang besteht. Bei diesen Versuchen wurden Hartmetalle von acht verschiedenen Herstellern beim Drehen des Vergütungsstahles 30 CrNiMo 8 V ($\sigma_B = 100$ kp/mm^2) eingesetzt.

Schneidengeometrie der Werkzeuge

Freiwinkel:	$\alpha = 7°$
Spanwinkel:	$\gamma = 0°$
Neigungswinkel:	$\lambda = 0°$
Einstellwinkel:	$\varkappa = 60°$
Einstellwinkel der Eckenfase:	$\varkappa_{ef} = 45°$
Breite der Eckenfase:	$b_{ef} = 0{,}5$ mm

Alle Hartmetalle wurden unter folgenden Schnittbedingungen geprüft:

Schnittgeschwindigkeit:	$v = 125$ m/min
Spanungsquerschnitt:	$a \cdot s = 2 \cdot 0{,}25$ mm^2

Mit jeder Platte wurde jeweils 5 min gedreht. Dementsprechend wurden folgende Verschleißkriterien gewählt:

Verschleißmarkenbreite nach 5 min Drehzeit:	$B_{T\,=\,5\,\text{min}}$
Kolktiefe nach 5 min Drehzeit:	$KT_{T\,=\,5\,\text{min}}$

Auf eine Darstellung der Untersuchungsergebnisse wird in diesem Zusammenhang verzichtet; in dem Kapitel 6.3 werden die ermittelten Kennwerte für das Verschleißverhalten mit der Härte der Schneidstoffe verglichen.

6. Bestimmung der Härte

Die Härte ist die wichtigste physikalische Eigenschaft eines Schneidstoffs. Die Voraussetzung dafür, daß eine Schneide in den zu zerspanenden Werkstoff eindringen kann, ist, daß die Härte des Schneidstoffes höher als die des Werkstoffes ist. Da beim Zerspanungsvorgang durch die entstehende Zerspanungswärme im Werkzeug erhebliche Temperaturen auftreten, ist eine weitere Forderung, daß die Härte des Schneidstoffes bis zu möglichst hohen Temperaturen möglichst wenig abfallen soll.

6.1 Prüfverfahren zur Bestimmung der Härte von Hartmetallen

Zur Bestimmung der Härten von Hartmetallen werden im wesentlichen zwei Prüfverfahren angewendet, und zwar die Härteprüfung nach Vickers und das Rockwell-A-Verfahren. Das Rockwell-A-Verfahren ist verhältnismäßig schnell und einfach durchführbar und im allgemeinen für Betriebsprüfungen gut geeignet und genau genug; die Belastung von 60 kp führt jedoch zu mehr oder weniger starker Rißbildung um den Eindruck, was die Meßgenauigkeit etwas beeinträchtigt [15]. In Hinsicht auf den Einsatz der Hartmetallplatten in der Zerspanung sind diese Risse jedoch praktisch ohne Bedeutung, da die Rißlängen nur wenige Zehntelmillimeter betragen. Die Härtemessung nach Vickers (DIN 50133) ergibt infolge der größeren zahlenmäßigen Unterschiede genauere Härtewerte; sie erfordert jedoch eine sorgfältigere und daher verhältnismäßig zeitraubende Probenvorbereitung. Bei gleichem Flächenöffnungswinkel der Diamantpyramide sind die Vickershärten im Bereiche der am häufigsten angewendeten Prüfkräfte zwischen 5 und 50 kp nahezu unabhängig von der Prüfkraft, was bei den Härtemessungen an Hartmetallen der Zerspanungsanwendungsgruppen P 10 bis P 40 bestätigt werden konnte. Wie aus Untersuchungen von Schmidt [16] hervorgeht, weichen bei der Härtemessung an Hartmetallen erst im Bereich sehr kleiner Prüfkräfte ($P < 150$ p) die Vickershärten stärker von der Linearität ab. Hier überlagern sich zwei Erscheinungen, nämlich der Übergang von der Vielkristall- zur Einkristallhärte sowie der Einfluß von harten Teilchen in einer weichen, nachgiebigen Grundmasse. Der Forderung, mit den Prüflasten soweit herunterzugehen, daß an den Ecken der Eindrücke keine Risse auftreten, die das Meßergebnis beeinflussen können [17], kann bei der Härtemessung an Hartmetallen meist nicht entsprochen werden. Bei den untersuchten Hartmetallen der Zerspanungsanwendungsgruppe P 10 traten auch bei einer Prüflast von 2 kp bisweilen noch Risse auf. Die bei Prüfkräften von 10 bzw. 30 kp an den Ecken der Eindrücke entstehenden Risse können beim Ausmessen der Eindruckdiagonalen – insbesondere an spröden Hartmetallsorten – zu beträchtlichen, subjektiv beeinflußten Streuungen führen. Wenn höchste Genauigkeit erforderlich ist, ist es daher von Vorteil, die Härtemessungen jeweils von ein und demselben Prüfer ausführen zu lassen. Schwedische Untersuchungen [15] zeigen, daß die Vergleichbarkeit von Meßergebnissen, die von verschiedenen Stellen ermittelt wurden, durch Einflüsse des Prüfverfahrens sehr erschwert werden kann. In Schweden wurden zwei Prüfplatten nacheinander an fünf Hartmetallunternehmen versandt, die ihre Hartmetalle nach dem Vickersverfahren prüfen. Der Vergleich ergab Abweichungen von 124 bzw. 204 kp/cm², die in bezug auf die mittleren (im Bericht nicht genannten) Härtewerte vermutlich etwa 10% betragen dürften. Der Einfluß des Prüfverfahrens ist auch bei der Betrachtung der im folgenden Abschnitt aufgeführten Einzelwerte der eigenen Härtemessung zu berücksichtigen, die zum Teil von den in Richtwerttabellen der Hartmetallhersteller genannten Mittelwertsangaben zu höheren Werten hin abweichen. Die Abweichung der Einzelwerte vom Durchschnitt der jeweiligen Sintercharge (Variationsbreite) betrug im Mittel etwa $\pm$ 2%.

6.2 Vergleich der Härtewerte der untersuchten Hartmetalle

Die Abb. 8 gibt die Härtewerte der verschiedenen untersuchten Hartmetallsorten wieder. Die Mittelwerte der einzelnen Sinterchargen wurden an je 10 bzw. 3 Hartmetallproben aus jeweils 5 Härteeindrücken bestimmt. Die unterschiedliche Breite der dunkel angelegten Vertrauensbereiche der Mittelwerte (statistische Sicherheit 95%) ist im wesentlichen durch die verschiedenen Stichprobenzahlen bedingt. Ein Vergleich der einzelnen Sinterchargen untereinander ist somit nur bedingt möglich. Da es sich bei den im Schrifttum in Form von Diagrammen oder

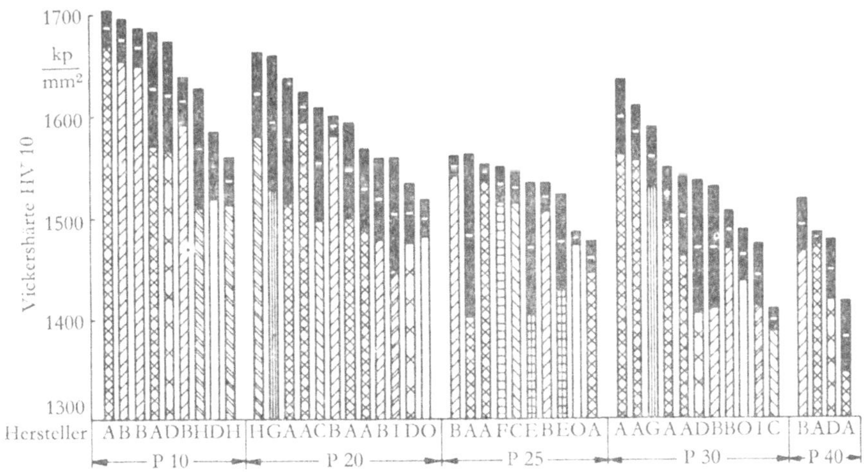

Abb. 8 Vickershärten der untersuchten Hartmetallsorten

tabellarisch angegebenen Härtewerten meist um die statistisch errechneten Mittelwerte für die einzelnen Zerspanungsanwendungsgruppen handelt, kann leicht der Eindruck entstehen, als ließen sich die Hartmetalle bereits auf Grund von Härtemessungen den einzelnen Zerspanungsanwendungsgruppen zuordnen. Die Abb. 8 zeigt deutlich, daß dies nicht möglich ist. Während sich die Härtewerte der einzelnen Zerspanungsanwendungsgruppen über einen Bereich von je etwa 100 bis 150 Vickerseinheiten erstrecken, beträgt der gesamte, von den Hartmetallen der Zerspanungsanwendungsgruppen P 10 bis P 40 überstrichene Härtebereich nur knapp 300 Vickerseinheiten. Insgesamt gesehen, ist deutlich eine fallende Tendenz der Härtewerte von P 10 nach P 40 zu erkennen, wobei allerdings die mittleren Härtewerte der Zerspanungsanwendungsgruppe P 25 mit denen der Gruppe P 30 etwa gleich liegen, was im Schrifttum seine Bestätigung findet.

Um eine Vergleichsmöglichkeit zwischen den Vickershärten der verschiedenen untersuchten Hartmetalle und den im Schrifttum häufig angegebenen Rockwell-A-Härten zu bekommen, sind in Abb. 9 die an Hartmetallen verschiedener Zerspanungsanwendungsgruppen gemessenen Rockwell-C-Härten in Abhängigkeit von den gleichfalls ermittelten Vickershärten aufgetragen. Rechnet man die erhaltenen HRC-Werte nach der Beziehung von McKenna [18]

$$HRA = \frac{HRC}{2} + 52$$

in Rockwell-A-Werte um, so ergibt sich mit guter Genauigkeit das gleiche Streuband, wie es von Hoyt [18] ermittelt wurde. Die Breite des Streubandes ist auf die Überlagerung der Variationsbreiten der beiden Meßverfahren zurückzuführen.

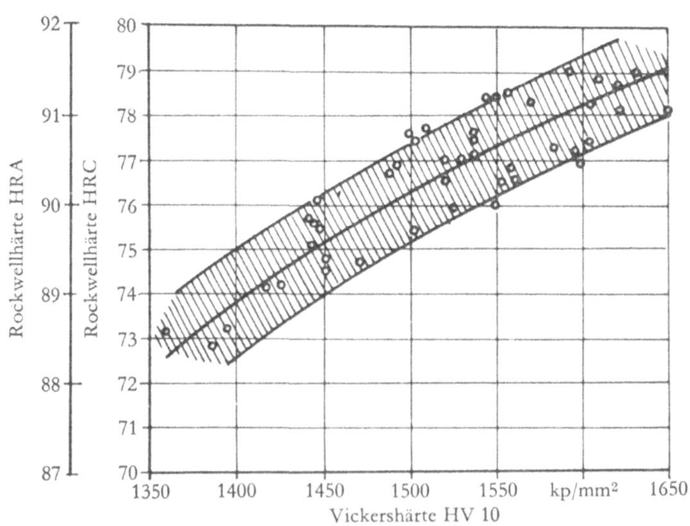

Abb. 9 Zusammenhang zwischen Rockwell-Härtewerten und der Vickershärte bei Hartmetallen

6.3 Zusammenhang zwischen der Härte und dem Verschleiß von Hartmetallen

Die Abb. 10 und 11 geben die in den Langzeit-Fräsversuchen (Kap. 5) nach 500 cm Fräslänge bzw. die in den Kurzzeit-Drehversuchen nach 5 min Drehzeit gemessenen Verschleißmarkenbreiten in Abhängigkeit von den Härtewerten der verwendeten Hartmetallplatten wieder. (Die als Meßpunkte eingetragenen verschiedenen Symbole kennzeichnen hier, wie auch bei den nachfolgenden Diagrammen, jeweils Hartmetalle desselben Herstellers). Sowohl bei den Fräsversuchen als auch bei den Drehversuchen ist festzustellen, daß zwischen dem Freiflächenverschleiß und der Härte eine gewisse Abhängigkeit besteht, wenn man den gesamten untersuchten Härtebereich betrachtet. Wegen der größeren Anzahl an Meßpunkten im Bereiche niedriger Härten erscheint der Kurvenverlauf bei den Fräsversuchen dabei in seinem linken Teil gesicherter als bei den Kurzzeit-Drehversuchen. Die in den Versuchen aufgetretenen Streuungen sind jedoch so groß, daß auf Grund dieser Untersuchungen dem einzelnen Härtewert kein bestimmter Verschleißwert zugeordnet werden kann.

Während zwischen dem Freiflächenverschleiß und der Härte eine allgemeine Abhängigkeit besteht, lassen die bei den Kurzzeit-Drehversuchen gemessenen Kolktiefen (Abb. 12) keine Abhängigkeit von der Härte erkennen. Dies wurde auch durch das in den Langzeit-Fräsversuchen nach 500 cm Fräslänge ermittelte Kolkverhältnis bestätigt. Über den Zusammenhang zwischen der in den Langzeit-Fräsversuchen beobachteten Kammrißbildung und der Vickershärte gibt Abb. 13 Auskunft. Es ist zu bemerken, daß die erreichten Endkammrißzahlen mit ansteigender Härte zunehmen. Auch hier läßt sich jedoch, wie bei der Verschleißmarkenbreite, keine eindeutige Zuordnung der Kammrißzahl zur Härte angeben.

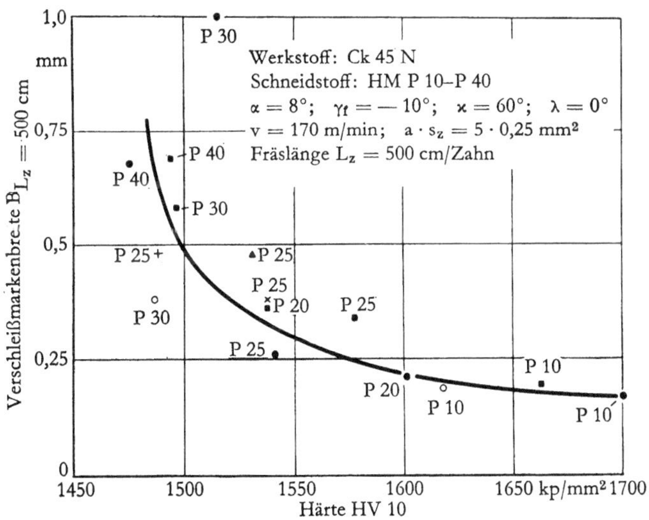

Abb. 10 Zusammenhang zwischen der Vickershärte und dem Freiflächenverschleiß beim Langzeit-Fräsversuch

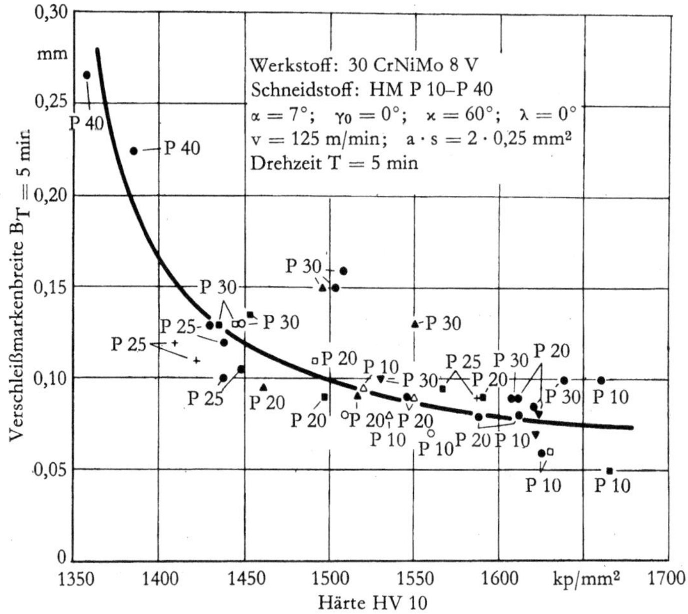

Abb. 11 Zusammenhang zwischen der Vickershärte und dem Freiflächenverschleiß beim Kurzzeit-Drehversuch

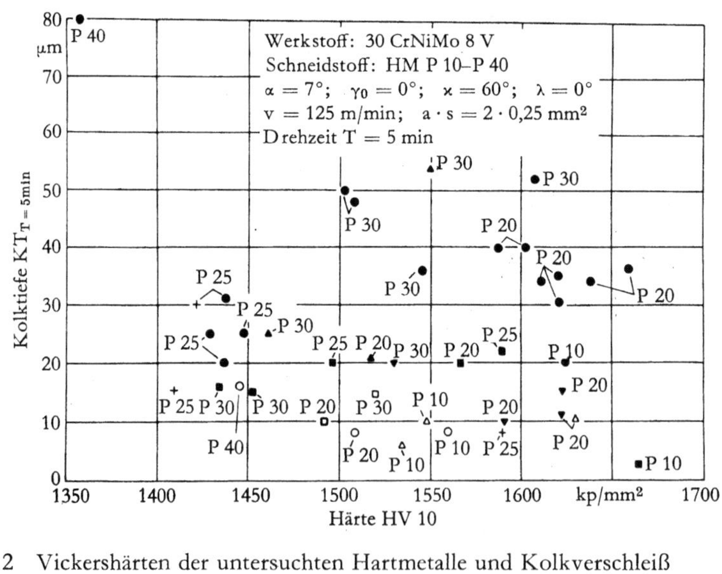

Abb. 12 Vickershärten der untersuchten Hartmetalle und Kolkverschleiß im Kurzzeit-Drehversuch

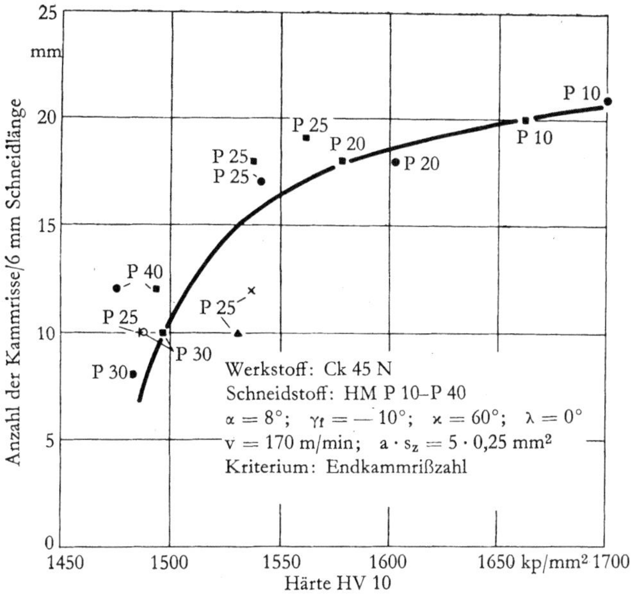

Abb. 13 Zusammenhang zwischen der Vickershärte und der Kammrißbildung im Langzeit-Fräsversuch

7. Spezifisches Gewicht

Da die verschiedenen Hartmetallsorten, insbesondere die reinen WC—Co-Hart metalle einerseits und die titan- und tantalkarbidhaltigen Hartmetalle andererseits, große Unterschiede im spezifischen Gewicht aufweisen, stellt die Bestim-

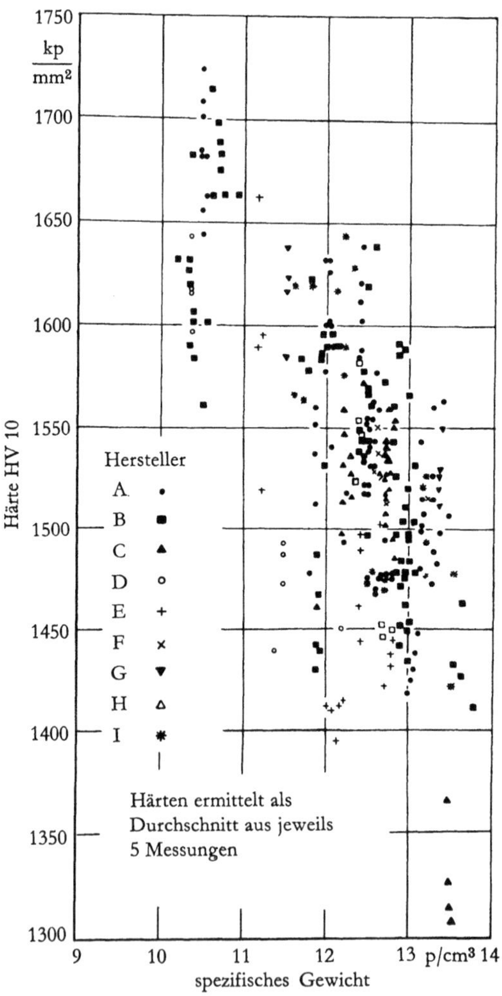

Abb. 14 Härten und spezifische Gewichte der untersuchten Hartmetallplatten Hartmetall P 10 bis P 40

mung des spezifischen Gewichtes eine einfache und schnell durchführbare Möglichkeit dar, um Hartmetalle in Hinsicht auf Verwechslungen zu überprüfen. Das spezifische Gewicht erlaubt es ferner, Rückschlüsse auf den Wolframkarbid-, Titankarbid- und Kobaltgehalt zu ziehen. Über die spezifischen Gewichte von WC—Co- und WC—TiC—Co-Hartmetallen entwarf BALLHAUSEN [19] eine anschauliche räumliche Darstellung, in der als Funktion der Zusammensetzung in Volumenanteilen die spezifischen Gewichte aller technisch interessanten Hartmetalle der oben genannten Legierungsgruppen enthalten sind.
Wie die Messungen an den verschiedenen untersuchten Hartmetallen ergaben, beträgt die Variationsbreite bei der Bestimmung des spezifischen Gewichtes im Mittel etwa $\pm$ 1% des Mittelwertes einer Sintercharge. Die ermittelten spezifischen Gewichte ließen deutlich den Unterschied zwischen den höher titankarbidhaltigen Hartmetallen der Zerspanungsanwendungsgruppen P 10 und P 20 und den höher wolframkarbid- bzw. tantalkarbidhaltigen Hartmetallen der Gruppen P 30 und P 40 bzw. P 25 erkennen. Eine Trennung der Hartmetalle der drei letztgenannten Gruppen allein auf Grund des spezifischen Gewichtes war jedoch nicht durchführbar, da sich die Bereiche weitgehend überdeckten.
Aus Abb. 14, in der die Härten der untersuchten Hartmetalle über dem spezifischen Gewicht aufgetragen sind, ist ersichtlich, daß zwischen diesen beiden Größen zwar eine allgemeine Tendenz, jedoch keine eindeutige Abhängigkeit besteht. Im ganzen gesehen ist lediglich zu erkennen, daß die härteren Hartmetalle infolge ihres höheren Gehaltes an Titankarbid im allgemeinen ein geringeres spezifisches Gewicht besitzen, während die Hartmetalle mit dem höchsten spezifischen Ge-

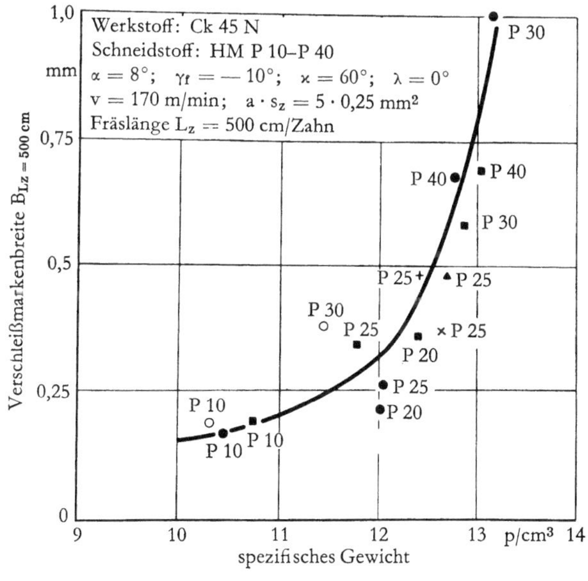

Abb. 15 Zusammenhang zwischen dem spezifischen Gewicht und dem Freiflächenverschleiß beim Langzeit-Fräsversuch

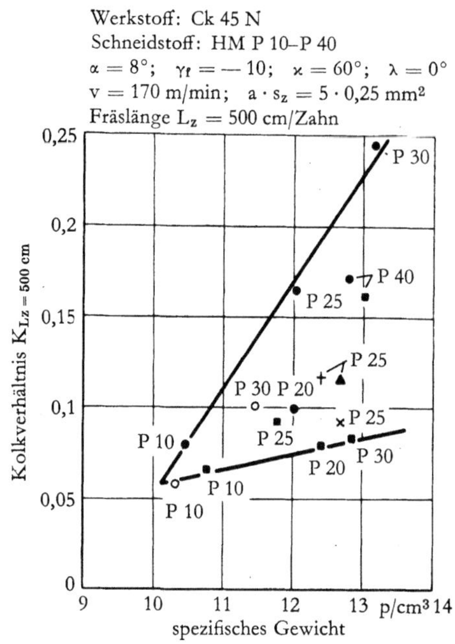

Abb. 16 Zusammenhang zwischen dem spezifischen Gewicht und dem Kolkverschleiß beim Langzeit-Fräsversuch

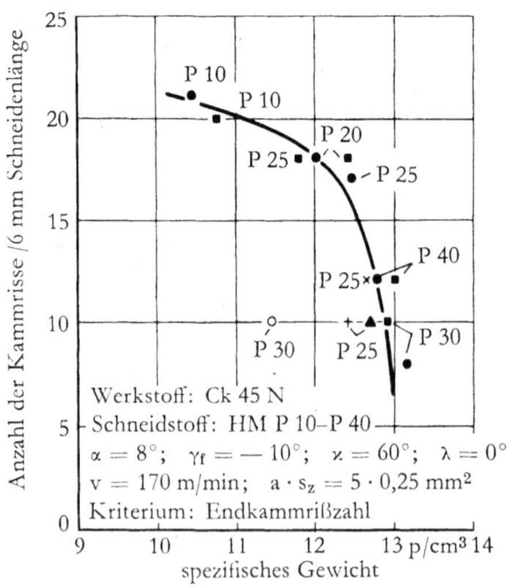

Abb. 17 Zusammenhang zwischen dem spezifischen Gewicht und der Kammrißbildung beim Langzeit-Fräsversuch

wicht die geringsten Härten aufweisen. Im mittleren Bereich können dagegen Hartmetalle mit gleichem spezifischem Gewicht von sehr unterschiedlicher Härte sein.

Der Zusammenhang zwischen dem spezifischen Gewicht und dem in den Langzeit-Fräsversuchen gemessenen Verschleiß auf der Freifläche und der Spanfläche geht aus den Abb. 15 und 16 hervor. Im Ganzen gesehen, zeigte sich bei den in den Fräsversuchen wie auch bei den in Kurzzeit-Drehversuchen eingesetzten Hartmetallen mit ansteigendem spezifischen Gewicht, eine Zunahme sowohl des Freiflächen- wie des Kolkverschleißes. Dies ist jedoch vorwiegend auf den abnehmenden Gehalt an Titankarbid zurückzuführen, und es bestätigt die bekannte Tatsache, daß ein höherer Titankarbidgehalt eine Verminderung des Verschleißes, insbesondere des Kolkverschleißes, bewirkt [20]. Dabei geben die Meßwerte lediglich die allgemeine Tendenz wieder, ohne daß sich einem bestimmten spezifischen Gewicht ein bestimmter Verschleißwert zuordnen ließe.

Die Darstellung der in den Langzeit-Fräsversuchen ermittelten Endkammrißzahlen in Abhängigkeit vom spezifischen Gewicht (Abb. 17) zeigt, daß Hartmetalle mit höheren Anteilen an Titankarbid im allgemeinen kammrißanfälliger sind als Hartmetalle mit geringem Titankarbidgehalt, gestattet jedoch ebenfalls keine eindeutige Zuordnung.

8. Kugeleindruckprüfung an Hartmetallen

Beim Eindrücken einer Kugel in eine polierte Hartmetalloberfläche oberhalb bestimmter Prüflasten bilden sich Risse aus, die konzentrisch um den von der Kugel erzeugten, kalottenförmigen Eindruck verlaufen. Die Anregung, das erste Auftreten von Rissen bei der Kugeleindruckprüfung als Kriterium für die Zähigkeit von Hartmetallen zu verwenden, geht von der Firma Wickman, Ltd. (England) aus [21, 22]. In Versuchen an verschiedenen Hartmetallsorten wurden dort mit Hilfe von Interferenzringen, die bis zum Auftreten von Rissen erreichten größten Eindringtiefen ausgemessen und – obgleich sich der Prüfkörper leicht abflachte – als Zähigkeitsmaß herangezogen. KOLOC [23] wählte als Kriterium für die Zähigkeit statt der Eindringtiefe den leichter meßbaren Durchmesser d_m des Eindruckes, an dem erste Risse auftraten, und verglich die mit Hilfe der Kugeleindruckprüfung ermittelten Grenzdurchmesser mit dem Prozentsatz der beim Fräsen im mehrfach unterbrochenen Schnitt beobachteten Schneidenbrüche, wobei sich die in Abb. 18 wiedergegebene Rangfolge ergab. HOUDEK und DLOUHY [24] geben – ausgehend vom Potenzgesetz nach MEYER [12]

$$P = a \cdot d^n$$

eine mathematische Ableitung an, nach der als Zähigkeitskriterium die bis zum Rißbeginn aufgebrachte Verformungsarbeit

$$A_m = \frac{a}{2\,D_K(n+2)}\,d_m{}^{n+2}$$

gewählt wird.

Nach den von HOUDEK und DLOUHY veröffentlichten Versuchsergebnissen weisen bei dem obengenannten Zähigkeitskriterium Hartmetalle verschiedener Zerspanungsanwendungsgruppen erheblich größere Unterschiede auf als beispielsweise bei der Härtemessung, so daß auf den ersten Blick eine bessere Unterscheidung verschiedener Hartmetalle möglich sein müßte. Über Beziehungen zwischen dem Zähigkeitskriterium A_m und dem Verhalten der untersuchten Hartmetalle im Schnitt enthält der Bericht jedoch keine Angaben; HOUDEK und DLOUHY ziehen lediglich die mit den Hartmetallen der verschiedenen Zerspanungsanwendungsgruppen nach den Angaben der Hartmetallhersteller erreichbaren maximalen Vorschubgrößen zum Vergleich heran.
Um die von KOLOC und HOUDEK und DLOUHY gewählten Zähigkeitskriterien zu überprüfen, und um zu ermitteln, ob die Kugeleindruckprüfung Aussagen über das Verhalten der Hartmetalle im Schnitt zuläßt, wurden die Zähigkeiten der verschiedenen Hartmetalle mit Hilfe der in Abb. 19 wiedergegebenen Prüfein-

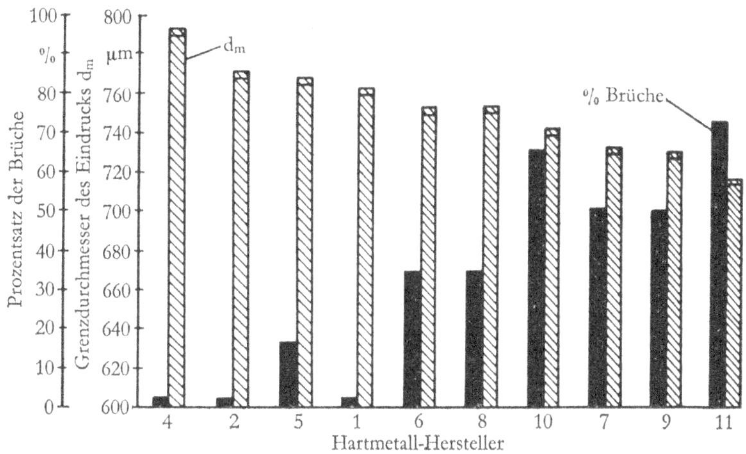

Abb. 18 Grenzdurchmesser d_m bei der Kugeleindruckprüfung im Vergleich zum Ausbruchverhalten verschiedener Hartmetallsorten beim Fräsen (nach KOLOC [23])

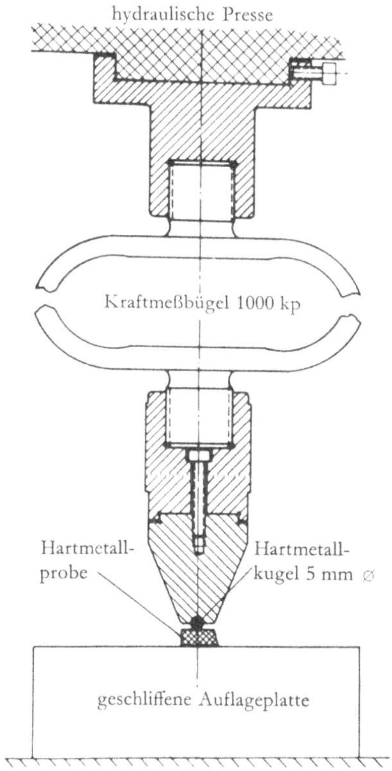

Abb. 19 Belastungsvorrichtung zur Kugeleindruckprüfung an Hartmetall

richtung untersucht. Die Prüfeinrichtung besteht aus einem an einer hydraulischen Presse befestigten 1000-kp-Kraftmeßbügel. Die als Eindringkörper dienende polierte Hartmetallkugel von 5 ± 0,01 mm Durchmesser (Sorte G 10) wird von einer Ansatzspitze aufgenommen. In die mit einer Diamantschleifscheibe von 7 μm Körnung polierten und anschließend mit Diamantpaste von 1 μm Körnung geläppten Proben wurden mit stufenweise ansteigender Prüflast Eindrücke eingebracht. Die Zeit für die Lastaufbringung und die Haltezeit auf Prüflast betrugen jeweils etwa 10 sec. Die für die verschiedenen Hartmetalle ermittelten Abhängigkeiten zwischen der Prüfkraft P und dem Eindruckdurchmesser d ergeben in doppelt-logarithmischer Darstellung Geraden [12], die durch Regressionsrechnung bestimmt wurden. Als Steigungsmaß bzw. Achsenabschnitt erhält man aus den Geradengleichungen die Konstanten n und a des Potenzgesetzes, die nach Houdek und Dlouhy [24] zur Bestimmung des Zähigkeitskriteriums A_m erforderlich sind. Bei allen Hartmetallproben wurden unter 100facher Vergrößerung die kritischen Eindruckdurchmesser d_m ermittelt, bei denen erste Risse am Umfang der Eindruckkalotte festzustellen waren. In Abb. 20 sind die kritischen Eindruckdurchmesser d_m und die auf die beschriebene Weise bestimmte Rißbildungsarbeit A_m den Vickershärten der untersuchten Hartmetalle gegenübergestellt. Von einzelnen Ausnahmen abgesehen, ergibt sich zwischen den genannten Kriterien die erwartete Abhängigkeit, daß nämlich mit geringer werdender Härte die Eindruckdurchmesser beim Kugeleindruck und die aus ihnen errechneten Zähigkeitswerte A_m zunehmen. Wenn man berücksichtigt, daß in Abb. 20 bei den Skalen für die Härte und den Eindruckdurchmesser d_m die Nullpunkte unterdrückt sind, so ist ferner zu erkennen, daß der Unterschied in der Rißbildungsarbeit zwischen den zähesten und den am wenigsten zähen Hartmetallsorten erheblich größer ist als der Härteunterschied oder der Unterschied der Eindruckdurchmesser. Die in der Säulendarstellung nicht in ihrer vollen Größe wiedergegebenen

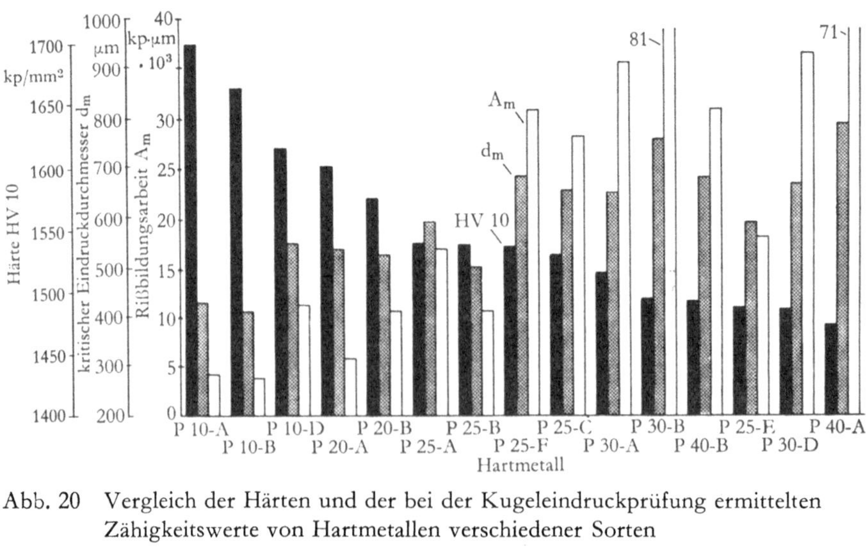

Abb. 20 Vergleich der Härten und der bei der Kugeleindruckprüfung ermittelten Zähigkeitswerte von Hartmetallen verschiedener Sorten

Zähigkeitswerte A_m der Hartmetallsorten P 30-B und P 40-A deuten im Vergleich zu den Werten anderer, in ihrem Schnittverhalten etwa gleichwertiger Hartmetallsorten jedoch bereits darauf hin, daß die Bestimmung der Zähigkeitswerte mit Hilfe der Kugeleindruckprüfung mit einer verhältnismäßig großen Unsicherheit verbunden sind. Wie die Untersuchungen zeigten, liegt die Hauptfehlerquelle bei der Kugeleindruckprüfung in der Beurteilung des Rißbeginns. Wegen ihrer Feinheit sind die ersten Anrisse meist nur schwach zu erkennen, wobei auch ein zwischenzeitliches Läppen keine Vorteile brachte. Während sich ein bei der Ausmessung der Eindruckdurchmesser ergebender mittlerer Fehler von etwa 5% nur unwesentlich auf die Lage der Regressionsgeraden für die Beziehung zwischen der Prüfkraft und dem Eindruckdurchmesser und damit auf das Zähigkeitskriterium A_m auswirkt, gehen die bei der Bestimmung der kritischen Eindruckdurchmeser d_m auftretenden Fehler – entsprechend der vorn genannten Formel für die Rißbildungsarbeit – wesentlich stärker in den Zähigkeitswert A_m ein.

Ein Vergleich des in den Langzeit-Fräsversuchen ermittelten Verschleiß- und Rißverhaltens der untersuchten Hartmetallplatten mit den kritischen Eindruckdurchmessern d_m und den Zähigkeitswerten A_m führt zu dem auf Grund der Darstellung in Abb. 20 zu erwartenden Ergebnis, daß im ganzen gesehen zähere Hartmetalle eine geringere Neigung zur Bildung von Kammrissen und ein ungünstigeres Verschleißverhalten zeigen, als weniger zähe Hartmetallsorten. In Abb. 21 ist als Beispiel der Zusammenhang zwischen der Verschleißmarkenbreite und dem kritischen Eindruckdurchmesser d_m wiedergegeben. Aus dem Bild geht hervor, daß es wegen der relativ großen Streubreite nicht möglich ist, einem bestimmten Zähigkeitswert ein bestimmtes Verschleißverhalten zuzuordnen. Be

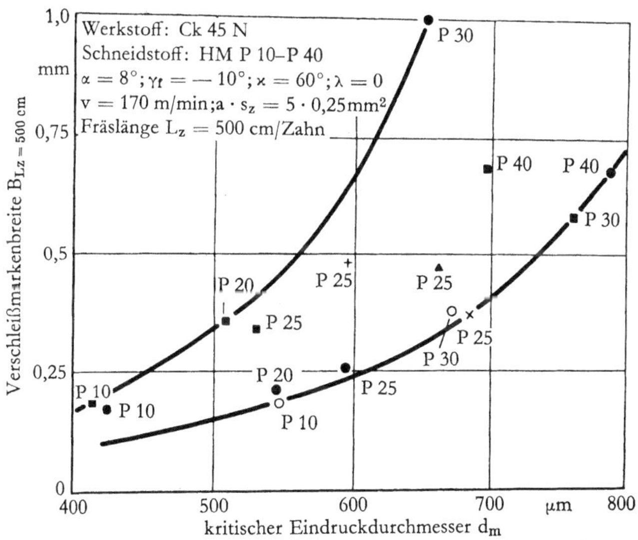

Abb. 21 Zusammenhang zwischen dem Freiflächenverschleiß beim Langzeit-Fräsversuch und dem Rißbeginn bei der Kugeleindruckprüfung

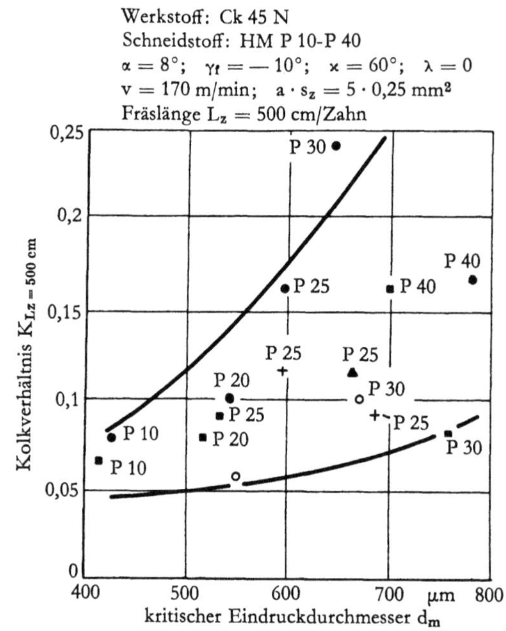

Abb. 22 Zusammenhang zwischen dem Kolkverschleiß beim Langzeit-Fräsversuch und dem Rißbeginn bei der Kugeleindruckprüfung

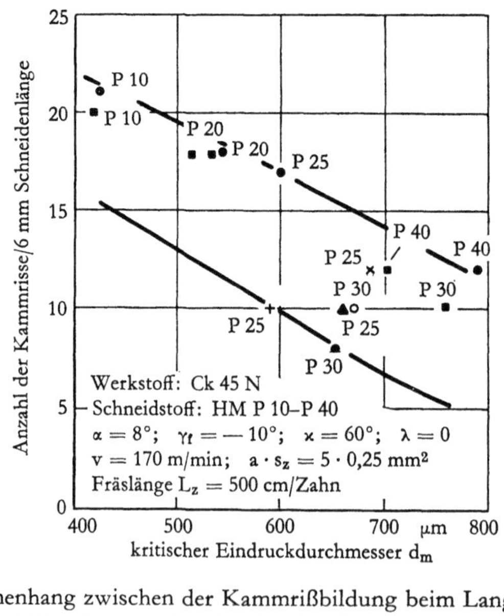

Abb. 23 Zusammenhang zwischen der Kammrißbildung beim Langzeit-Fräsversuch und dem Rißbeginn bei der Kugeleindruckprüfung (Kriterium: Endkammrißzahlen)

einem Vergleich der in den Langzeit-Fräsversuchen ermittelten Verschleißwerte und Endkammrißzahlen mit den errechneten Zähigkeitswerten A_m ergaben sich noch breitere Streubereiche (Abb. 22 und 23). Wie die Untersuchungen zeigten, bringt die Errechnung der Rißbildungsarbeit A_m zwar eine breitere Skala der Zähigkeitswerte; dieser Vorteil wird jedoch durch eine in gleichem Maße erfolgende Vergrößerung der durch Ungenauigkeiten bei der Auswertung bedingten Streubereiche wieder aufgewogen. Hinzu kommt, daß zur exakten Bestimmung des Zähigkeitskriteriums A_m aus den Daten der Regressionsgeraden und dem kritischen Eindruckdurchmesser ein nicht unerheblicher Rechenaufwand erforderlich ist.

Zieht man diese Gesichtspunkte in Betracht, so ergibt sich, daß die Ermittlung der Verformungsarbeit A_m gegenüber dem als Zähigkeitskriterium verwendbaren kritischen Eindruckdurchmesser d_m praktisch keine Vorteile bringt. Um geeignete d_m-Werte zu erhalten, sind nach beiden Methoden mehrere Wiederholungsversuche nötig, bei denen es erforderlich ist, die Prüflasten in dem Bereich um den vermuteten Rißbeginn auf etwa 10–20 kp gegeneinander abzustufen. Eine mehrmalige Wiederholung der Kugeleindruckprüfung setzt jedoch voraus, daß die verwendeten Hartmetallkugeln ausreichend hohe Standzeiten zulassen, da das Prüfverfahren sonst mit hohen Kosten verbunden ist. In den an Hartmetallen verschiedener Zerspanungsanwendungsgruppen durchgeführten Untersuchungen war es möglich, mit den verwendeten Prüfkugeln der Hartmetallsorte G 10 maximal je etwa 10 Hartmetallplatten der zäheren Sorten zu prüfen, ehe die Kugeln zu Bruch gingen. Berücksichtigt man die genannten Vor- und Nachteile, die die Kugeleindruckprüfung gegenüber der Härteprüfung besitzt, so muß auf Grund der durchgeführten Untersuchungen der Härteprüfung der Vorzug gegeben werden.

9. Untersuchungen über das Feinfräsen von Stahl

Die Entwicklung auf dem Gebiete des Fräsens ist dadurch gekennzeichnet, einerseits möglichst hohe Zerspanleistungen zu erzielen, andererseits das Fräsen als Endbearbeitungsverfahren für größere ebene Flächen mit besonderen Anforderungen an die Oberflächengüte und Ebenheit einzusetzen. Derartige Bearbeitungsprobleme treten vorwiegend im Großmaschinenbau auf. Während im Werkzeugmaschinenbau die Erzeugung von Verbindungsflächen und Führungsbahnen an Maschinengestellen notwendig ist, müssen im Turbinen- und Motorenbau Dichtungsflächen hergestellt werden. Beim Großmaschinenbau handelt es sich im allgemeinen um die Fertigung von Einzel- und Kleinserien. Die Oberflächen werden dort bisher vorwiegend durch zeit- und kostenintensive Handschleif- und Schabearbeiten erzeugt.

In der Großserienfertigung von Motoren, z. B. im Automobilbau, hat sich das Feinfräsen von öl- und gasdichten Flächen dagegen schon in stärkerem Maße eingeführt. Da hier zwischen die Dichtflächen häufig zusätzliche Dichtungsmassen gelegt werden, sind die Anforderungen jedoch meist weniger hoch als im Großmaschinenbau.

9.1 Verfahren des Feinfräsens

In der industriellen Fertigung sind zum Feinfräsen von Stahl und Grauguß mit Messerköpfen drei Verfahren üblich (Abb. 24)

a) das Schlichtfräsen mit vollbestücktem Messerkopf mit ungefähr 50 Schlichtmessern [25];
b) das Schlichtfräsen mit etwa 20 Schlichtmessern und einer oder zwei Breitschlichtschneiden [26];
c) das Breitschlichtfräsen mit wenigen Breitschlichtmessern [27].

Entsprechend der Art des Verfahrens sind die angewendeten Schnittbedingungen sehr unterschiedlich.

Das Schlichtfräsen mit einer großen Anzahl von Fräsmessern wird vorwiegend in Großserienfertigung zum Bearbeiten von Motorblöcken angewandt. Hierzu werden bei Schnittiefen von 0,3 bis 1 mm Vorschübe von 0,3 bis 0,5 mm/Z gewählt.

Die Schlichtmesser weisen eine ähnliche Schneidengeometrie auf, wie sie zum Schruppen gewählt wird. Die Messerköpfe werden meistens auf Messerkopfschleifmaschinen geschliffen und sollen, auf der Maschine aufgespannt, einen Planlauffehler von weniger als 20 μm erreichen.

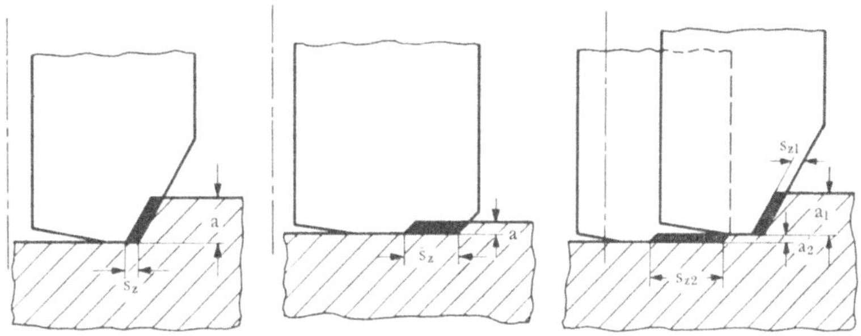

Schlichtfräsen

Zähnezahl: 30 ÷ 60
Schnittiefe: $a = 0{,}3 \div 1$ mm
Vorschub $s_z = 0{,}3 \div 0{,}5$ mm/Z

Breitschlichtfräsen

Zähnezahl: 1 ÷ (5)
Schnittiefe $a = 0{,}05 \div 0{,}2$ mm
Vorschub $s_z = 0{,}5 \div 6$ mm/Z

Schlichtfräsen mit Schlichtmessern und Breitschlichtschneiden

Anzahl der Schlichtmesser: 20 ÷ 30
Anzahl der Breitschlichtmesser: 1 ÷ 2
Schlichtmesser: $a_1 = 0{,}5 \div 2$ mm
$s_{z1} = 0{,}1 \div 0{,}3$ mm/Z
Breitschlichtmesser: $a_2 = 0{,}03 \div 0{,}05$ mm
$s_{z2} = 2 \div 5$ mm/Z

Abb. 24 Verfahren des Feinfräsens

Zum Schlichtfräsen mit etwa 20 Schlichtmessern und einer Breitschlichtschneide werden in der Praxis vorwiegend Wendeplatten-Messerköpfe eingesetzt. Bei der Bearbeitung von Grauguß beträgt der Spanungsquerschnitt für die Schlichtmesser ungefähr $a \cdot s_z = 0{,}5 \cdot 0{,}1$ mm². Das Breitschlichtmesser, das in axialer Richtung gegenüber den übrigen Messern um 0,3–0,05 mm vorsteht und in radialer Richtung zur Messerkopfachse hin versetzt angeordnet ist, weist eine dem Vorschub pro Umdrehung entsprechende Schneidenbreite auf und wird so eingerichtet, daß die Schneidkante parallel zur Vorschubrichtung verläuft.
Das Breitschlichtfräsen zeichnet sich dadurch aus, daß es bei hohen Schnittgeschwindigkeiten und geringen Schnittiefen (0,02–0,2 mm) die Anwendung von Vorschüben bis zu 10 mm/Z gestattet. Dabei ist man bemüht, mit möglichst wenig Messern im Messerkopf auszukommen, wobei die besten Oberflächengüten bei Einsatz von ein oder zwei Messern erzielt werden. Beim Einsatz von fünf Messern im Messerkopf können i. a. schon die größten auf der Maschine zur Verfügung stehenden Vorschübe angewendet werden.
Die in den folgenden Kapiteln beschriebenen Untersuchungen beschränken sich auf das Breitschlichtfräsen von Stahl Ck 45 N mit einem hartmetallbestückten Einzahn-Messerkopf. Bei diesen Untersuchungen soll festgestellt werden, welche Maßnahmen beim Breitschlichtfräsen beachtet werden müssen, um einwandfreie Oberflächengüten zu erzielen, und welchen Einfluß verschiedene Schnittbedingungen und Schneidenformen auf die Oberflächengüte ausüben.

9.2 Vorbedingungen zum Breitschlichtfräsen

Zur Herstellung genauer Oberflächen beim Breitschlichtfräsen muß eine Reihe von Maßnahmen beachtet werden, die im Folgenden näher betrachtet werden sollen:

a) Es muß eine in allen Teilen möglichst starre und schwingungssteife Fräsmaschine zur Verfügung stehen, so daß unter der Wirkung der Schnittkräfte keine unzulässig großen Verformungen auftreten können. Die Lagerung der Frässpindel muß steif sein und ein möglichst geringes Spiel aufweisen; das gleiche gilt für die Tisch- bzw. Schlittenführungen, die besonders dicht gehen und breit ausgebildet sein sollen. Weiterhin ist darauf zu achten, daß der Messerkopf ein möglichst massiver Stahlkörper ist. Erst wenn diese Bedingungen erfüllt sind, können durch die Wahl einer geeigneten Schneidengeometrie und günstiger Schnittbedingungen hohe Oberflächengüten erreicht werden [5].

b) Um das Fräsen von welligen Oberflächen zu vermeiden, müssen die Schneiden im Messerkopf möglichst parallel zur Vorschubrichtung des Frästisches verlaufen. Um dies zu erreichen, werden in der Fertigung folgende Methoden angewandt:

   Anschleifen des Messerkopfes auf einer Messerkopfschleifmaschine,

   Anschleifen des Messerkopfes mit einer Schleifvorrichtung auf der Fräsmaschine,

   Einspannen von Wendeschneidplatten gegen Anschlag im Messerkopf und Einrichten einer Breitschlichtschneide im Messerkopf gegen Lichtspalt auf der Fräsmaschine.

c) Damit das Werkzeug nicht nachschneidet, muß der Frästisch oder die Frässpindel um einen geringen Betrag geneigt, d. h. »auf Sturz« gestellt werden. Richtet man die Meißelschneide auf Spindelmitte parallel zur Vorschubrichtung aus, so wird beim Fräsen zum Rand des Werkstückes hin ein Sägezahnprofil erzeugt. Außerdem wird die Fläche hohlgefräst, d. h. es treten Formabweichungen auf (Abb. 25).

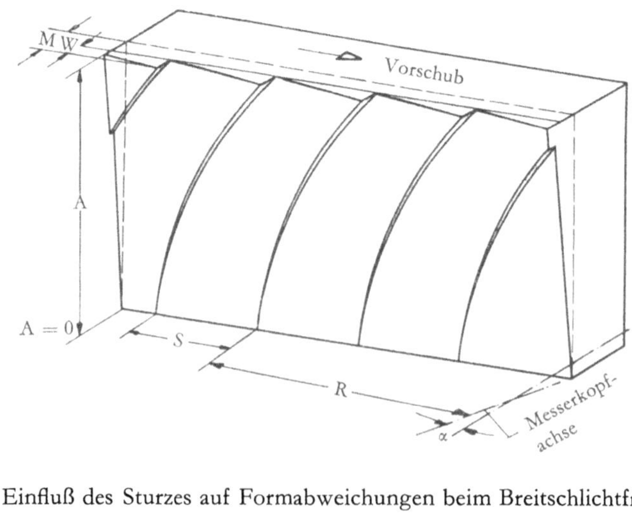

Abb. 25 Einfluß des Sturzes auf Formabweichungen beim Breitschlichtfräsen

Die Welligkeit W des Sägezahnprofils errechnet sich zu

$$W = s \cdot \tan\alpha \left(1 - \frac{s}{\sqrt{(R+s)^2 - A^2} - \sqrt{R^2 - A^2}}\right)$$

und die Formabweichung M zu

$$M = W + \tan\alpha\left(R + s - \sqrt{(R+s)^2 - A^2}\right)$$

Da $s \ll R$ ist, kann M angenähert errechnet werden zu

$$M \approx W + \tan\alpha\left(R - \sqrt{R^2 - A^2}\right)$$

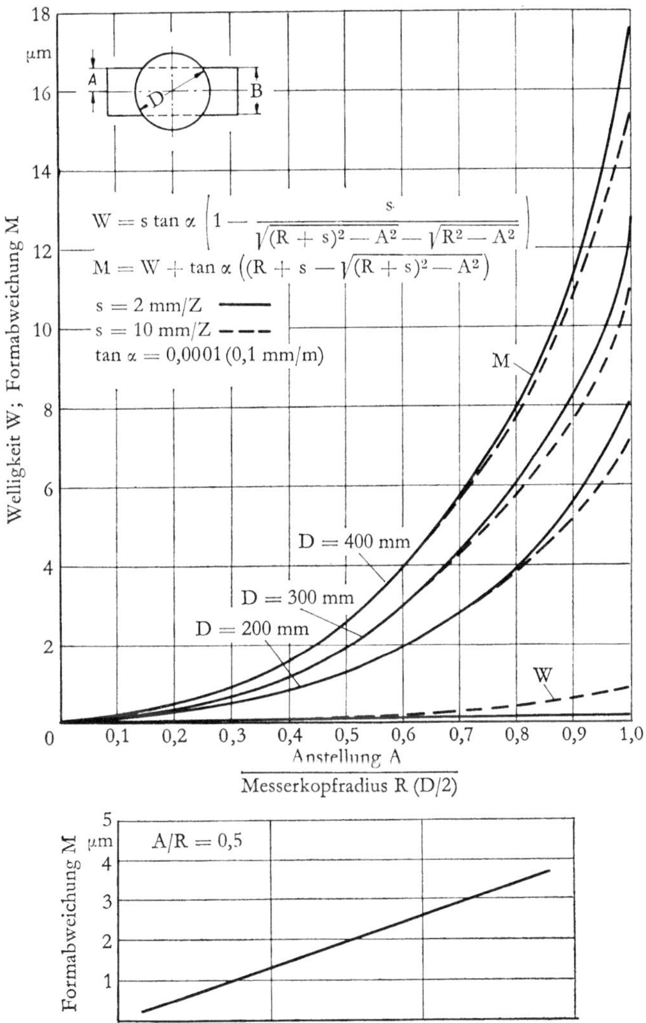

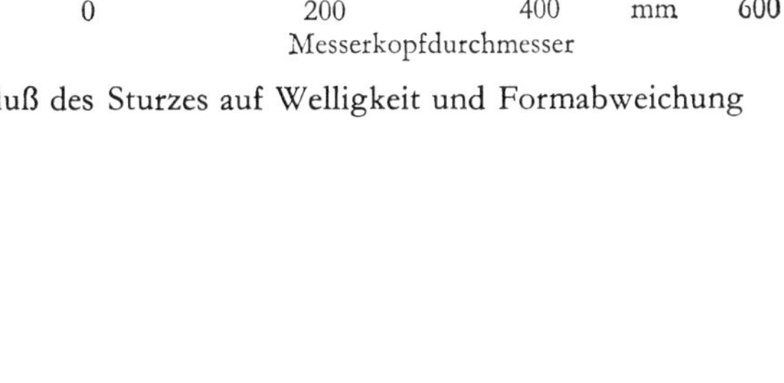

Abb. 26 Einfluß des Sturzes auf Welligkeit und Formabweichung

In diesen Gleichungen bedeuten

$\tan \alpha$ = Größe des Sturzes
R = $D/2$ Messerkopfradius [mm]
s = Vorschub [mm/Z]
A = Abstand Spindelmitte bis Werkstückoberkante [mm]

Aus den Gleichungen ist ersichtlich, daß die Welligkeit und die Formabweichung direkt proportional zur Größe des Sturzes $\tan \alpha$ sind. In Abb. 26 ist die Welligkeit W und die Formabweichung M für verschiedene Vorschübe und Messerkopfdurchmesser im Verhältnis von Anstellung A zu Messerkopfradius R dargestellt.
Die größte Welligkeit tritt an der Oberkante des Werkstückes auf und ist, wie Berechnungen zeigten, nahezu unabhängig vom Messerkopfdurchmesser. Für einen Vorschub von 10 mm/Z und einen Sturz von 0,1 mm/m, der im allgemeinen zur Vermeidung des Nachschnittes ausreicht und in der Praxis meistens eingestellt wird, errechnet sich die maximale Welligkeit für Messerkopfdurchmesser von 200 bis 400 mm nur zu 0,78 bis 0,84 μm, ist also für die Oberflächengüte von untergeordneter Bedeutung.
Die Formabweichung M hängt dagegen weniger vom Vorschub s als von dem Messerkopfdurchmesser D und der Anstellung A ab. Sie nimmt mit der Breite des Werkstückes zu und erreicht bei einem Messerkopfdurchmesser von $D = 400$ mm bei einem Verhältnis $A/R = 1$ eine Größe von 17,5 μm. Um eine möglichst geringe Formabweichung zu erhalten, sollte zum Feinfräsen die Anstellung A nur die Hälfte der Werkstückbreite B betragen. Weiterhin sollte der Messerkopfdurchmesser möglichst doppelt so groß wie die Werkstückbreite gewählt werden. Unter diesen Annahmen treten selbst bei Messerköpfen von 600 mm ∅ bei einem Sturz von 0,1 mm/m Formabweichungen von 4 μm auf.

9.3 Versuchseinrichtungen

Die Breitschlichtfräsversuche wurden auf einer Heller-Horizontalfräsmaschine vom Typ F 120-2 durchgeführt. Zur Vermeidung eines Nachschnitts wurde ein Sturz durch Unterlegen eines Bleches unter eine Führungsbahn des Frästisches fest eingestellt. Die Größe des eingestellten Sturzes ist in den Diagrammen angegeben.
Um ein schnelles und genaues Einrichten der Schneide im Einzahn-Messerkopf von 210 mm ∅ zu ermöglichen, wurde ein Breitschlichtmeißel entwickelt [27], der sich im Messerkopf verstellen läßt (Abb. 27). Voruntersuchungen zeigten jedoch, daß die Einspannung des Meißels nicht starr genug war. Der Meißel wurde daher im Messerkopf fest verschraubt, und das Ausrichten der Schneiden direkt an der Hartmetallplatte vorgenommen.
Zunächst wurde die zu schlichtende Fläche in einem kleinen Bereich mit geringem Vorschub und geringer Schnittiefe mit einem herkömmlichen Fräsmesser vorgefräst, so daß die Fläche paralell zur Vorschubrichtung verlief.

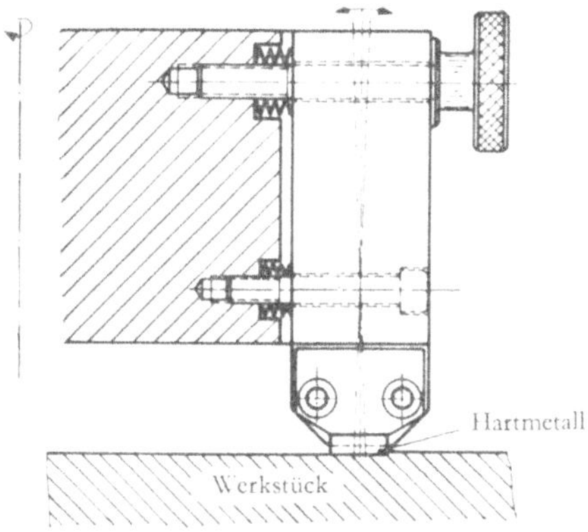

Abb. 27 Versuchswerkzeug zum Breitschlichtfräsen

Um Einrichtungenauigkeiten durch die Sturzeinstellung zu vermeiden, wurde der Breitschlichtmeißel im Messerkopf horizontal ausgerichtet. Die vorgefräste Fläche am Versuchswerkstück aus Ck 45 N ($\sigma_B = 66{,}5$ kp/mm²) wurde sodann langsam mit dem Handvorschub gegen die locker im Breitschlichtmeißel geklemmte Hartmetallplatte gedrückt. Sobald die Schneide gleichmäßig an der Oberfläche anlag, was sich im Lichtspalt leicht und sehr genau feststellen ließ, wurden die Klemmschrauben vorsichtig und wechselseitig angezogen. Nachdem nochmals im Lichtspalt überprüft worden war, ob die Schneide anlag, wurde das Werkstück abgerückt. Die Einstellgenauigkeit der Schneide wurde mit einem Mikrokator überprüft, wobei festgestellt wurde, daß es möglich ist, die Schneidenkanten auf einer Länge von 4 mm günstigstenfalls bis auf 1 μm, in den meisten Fällen jedoch bis auf 3 μm parallel zur Vorschubrichtung auszurichten.
Bei den Versuchen wurden Hartmetall-Wendeschneidplatten der Zerspanungsanwendungsgruppe P 10 mit folgender Schneidengeometrie im Messerkopf angewendet (s. Abb. 28):

Freiwinkel $\alpha = 6°$
Spanwinkel $\gamma = 6°$
Neigungswinkel $\lambda = 0°$

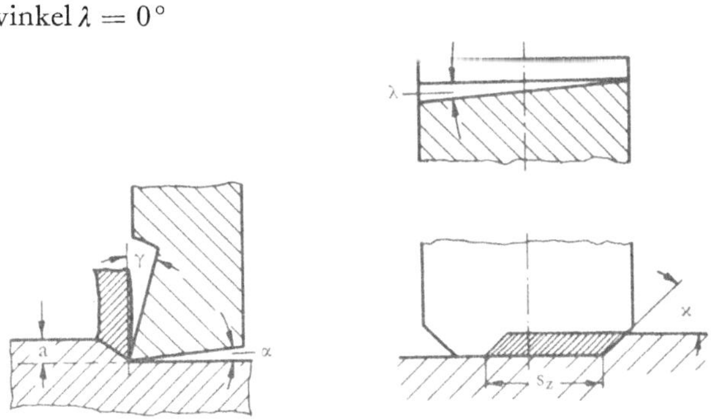

Abb. 28 Schneidengeometrie und Spannungsquerschnitt beim Breitschlichtfräsen

Die Werkzeuge wurden nach dem Vorschleifen mit Siliziumkarbidscheiben mit einer metallgebundenen Diamantscheibe, Körnung 30 μm feingeschliffen und auf einem Werkstattmikroskop auf Schneidenausbrüche und genauen Anschliff überprüft.

Zur Versuchsauswertung wurden von den gefrästen Flächen Oberflächenschriebe auf dem Oberflächenmeßgerät Perth-O-Meter hergestellt. Um die Welligkeit der Flächen erfassen zu können, wurde das Pendeltastsystem T 25 gewählt, dessen größter Meßbereich 30 μm beträgt. Der Tastweg betrug in den meisten Fällen 10 mm, für Vorschübe von 10 und 12 mm/Z 25 mm. Die Versuchsauswertung wurde so vorgenommen, daß über den gesamten Testweg die maximale Rauhtiefe plus Welligkeit, also der größte Abstand zwischen den höchsten und tiefsten Rauhtiefenspitzen auf dem Schrieb, ermittelt wurde. Zur Bestimmung einer mittleren Rauhtiefe wurde ein Mittelwert aller Rauhtiefen gebildet, die jeweils für eine Bezugstreckenlänge von 250 μm über den gesamten Tastweg ermittelt wurden. Bei diesem Auswerteverfahren ist zu beachten, daß sich die Werte für die mittlere Rauhtiefe bei Wahl einer größeren oder kleineren Bezugsstrecke ändern; das Verfahren gibt jedoch die Möglichkeit zu relativ objektiven Aussagen über die Größe der Rauhtiefe ohne Berücksichtigung der Welligkeit der gefrästen Flächen.

In Vorversuchen wurde zunächst das Oberflächenprofil am Rande und in der Mitte der gefrästen Bahnen untersucht. Es wurde festgestellt, daß entsprechend den Berechnungen in Kapitel 8.2 nahezu keine Unterschiede in der Oberflächengüte auftraten, so daß von jeder gefrästen Fläche nur ein Perth-O-Meter-Schrieb aus der Mitte der Bahn in Vorschubrichtung hergestellt wurde.

Bei den Untersuchungen über die Oberflächengüte konnte bereits festgestellt werden, daß bei Schnittiefen über 0,1 mm der Verschleiß an den Schneiden stark anstieg und bei einer Schnittiefe von 0,2 mm häufig nach geringen Fräslängen Schneidenausbrüche auftraten. Auf Grund dieser Beobachtung ist zum Breitschlichtfräsen von Stahl die Anwendung geringer Schnittiefen zu empfehlen.

9.4 Einfluß der Einstellgenauigkeit der Werkzeugschneide auf die Oberflächengüte

Bei diesen Untersuchungen kamen Schneiden zur Anwendung, die eine 1,5 mm lange Nebenschneide unter einem Einstellwinkel von 45° aufwiesen (s. Abb. 33 Anschliff 2). Die Hauptschneide hatte einen Einstellwinkel von 0° bei einer Länge von 16 mm. Je nach Richtung der Schräglage der Schneiden im Messerkopf wurde zwischen einer positiven und einer negativen Einstellung unterschieden (Abb. 29). Bei positiver Schräglage der Schneide wird ein Treppenprofil in den Werkstoff gefräst, wobei die mittlere Rauhtiefe der Oberflächen gering ist und sich die Einstellfehler nur in einer größeren Welligkeit der Oberfläche ausdrücken (Fall b). Die schlechte Oberflächengüte bei negativer Einstellung der Schneide (Fall a) ist darauf zurückzuführen, daß die Schneide auf ihrer gesamten Länge einen Span abhebt. Der Span weist auf Vorschublänge eine Dicke entsprechend

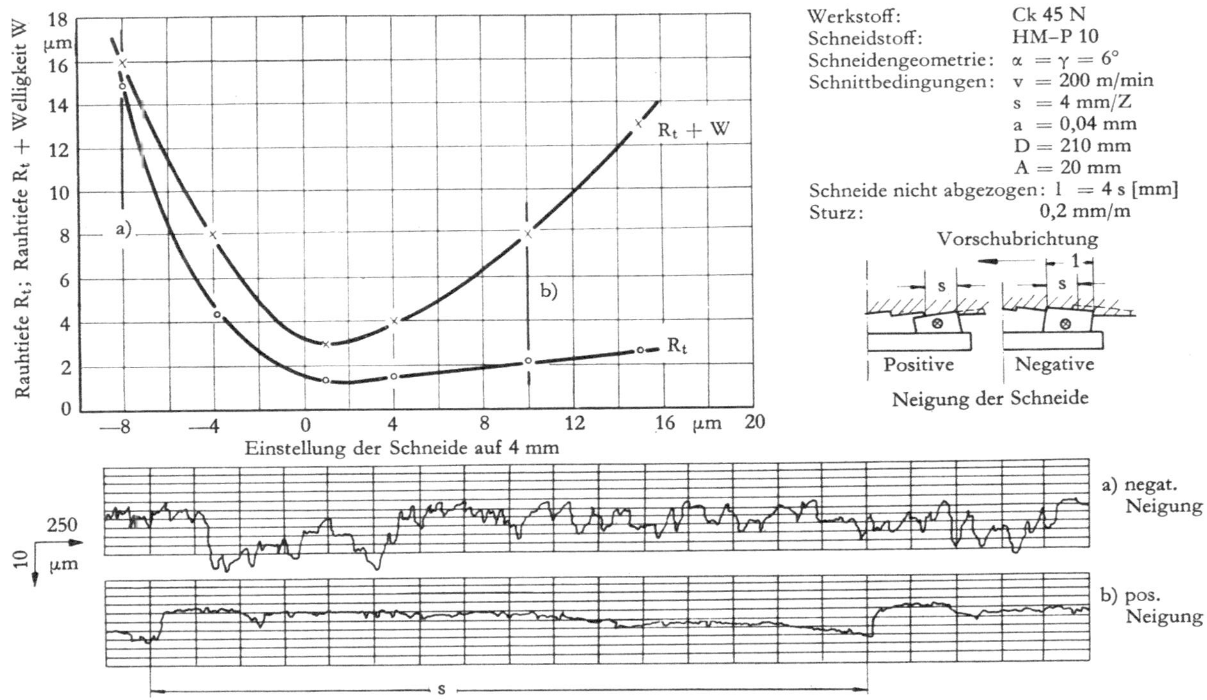

Abb. 29 Einfluß der Einstellgenauigkeit der Schneide auf die Oberflächengüte

der zugestellten Spanungstiefe, im weiteren Teil jedoch nur eine Dicke von wenigen Mikrometern gemäß der Neigung der Schneide auf (Abb. 30), wodurch die Oberflächengüte bestimmt wird. Auf Grund dieser Untersuchungen sollen daher die Schneiden eher mit geringer positiver als negativer Neigung eingerichtet werden.

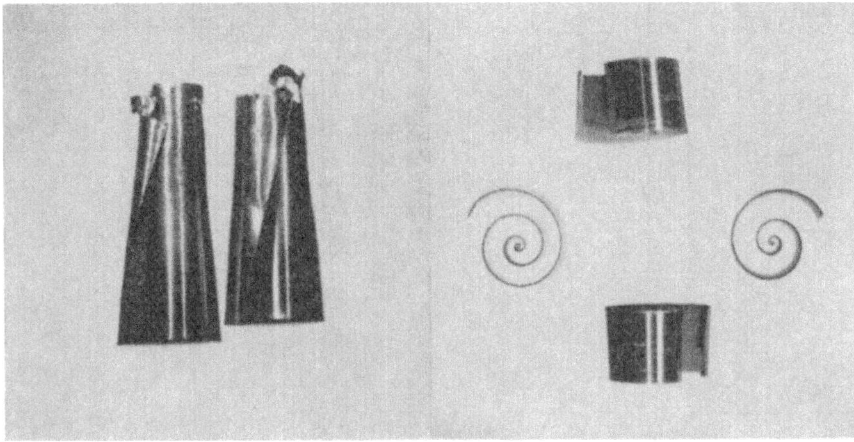

— 8 μm/4 mm Einstellung der Schneide 10 mm + 2 μm/4 mm

Abb. 30 Spanformen beim Breitschlichtfräsen mit negativer und positiver Einstellung der Schneide
(Schnittbedingungen s. Abb. 29)

Um die nach dem Ausrichten noch bestehenden Einstellungenauigkeiten der Schneide zu beseitigen, wurde die Schneide maschinell abgezogen, indem mit dem Breitschlichtmeißel bei einem Vorschub von 20 mm/min und einer Schnittgeschwindigkeit von 200 m/min mit einer Zustellung von 0,05 bis 0,1 mm an einem Honstein (SiC 9/500/5/25/Ke) vorbeigefräst wurde. Hierdurch war es möglich, die Schneide bis auf 1 μm parallel zur Vorschubrichtung auszurichten. Gleichzeitig wurde jedoch am Werkzeug ein Freiflächenverschleiß von 0,05 bis 0,1 mm Breite angeschliffen.
Da mit zunehmendem Freiflächenverschleiß auch die Schnittkräfte ansteigen – besonders in axialer Richtung –, kann das Verfahren nur auf steifen Maschinen angewendet werden, wobei der Freiflächenverschleiß möglichst unter 0,1 mm liegen sollte.
In Abb. 31 sind photographische Aufnahmen der gefrästen Oberflächen und die dazugehörigen Perth-O-Meter-Schriebe vor und nach dem Abziehen der Schneide gegenübergestellt. Es zeigt sich, daß durch das Abziehen die Rauhtiefe einschließlich Welligkeit auf die Hälfte verringert werden kann. Es wurde jedoch bisweilen beobachtet, daß die Oberflächen nach dem Abziehen der Schneiden ein ungleichmäßiges Aussehen aufwiesen (Abb. 31 b). Dies wird dadurch hervorgerufen, daß die Schneide im Bereich außerhalb des Vorschubes über die Oberfläche schabt.

a) Neigung der Schneide: + 4 µm/4 mm

10 mm

b) Neigung der Schneide: + 1 µm/4 mm

a)

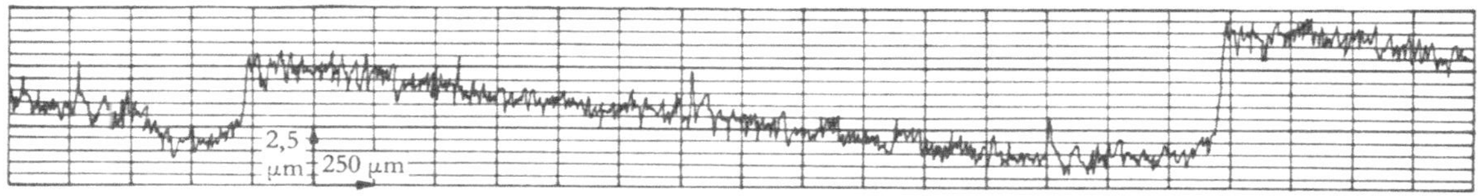

b)

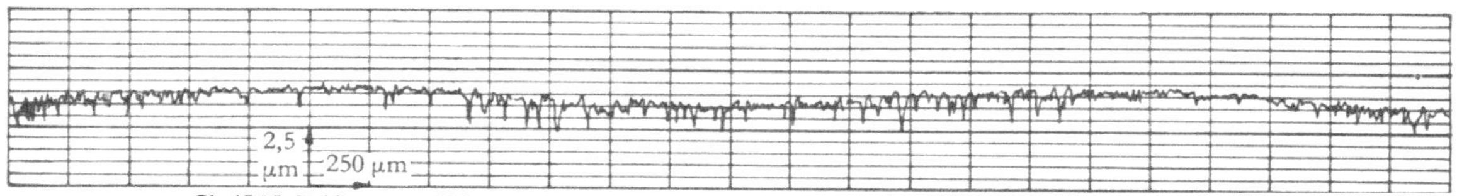

Ck 45 N–P 10; v = 200 m/min; s = 4 mm/Z; a = 0,04 mm; D = 210 mm; A = 20 mm

Abb. 31 Einfluß des maschinellen Abziehens auf die Oberflächengüte
a) vor dem Abziehen
b) nach dem Abziehen

Dabei wird eine Schicht von wenigen Mikrometern Dicke abgehoben, die am eigentlichen Span hängt und meistens einen gezackten Rand aufweist (Abb. 32). Hierdurch wird jedoch die Oberfläche nur etwa in der Größenordnung der Welligkeit bei den gewählten Schnittbedingungen aufgerauht; eine wesentliche Herabsetzung der Oberflächengüte erfolgt somit nicht.

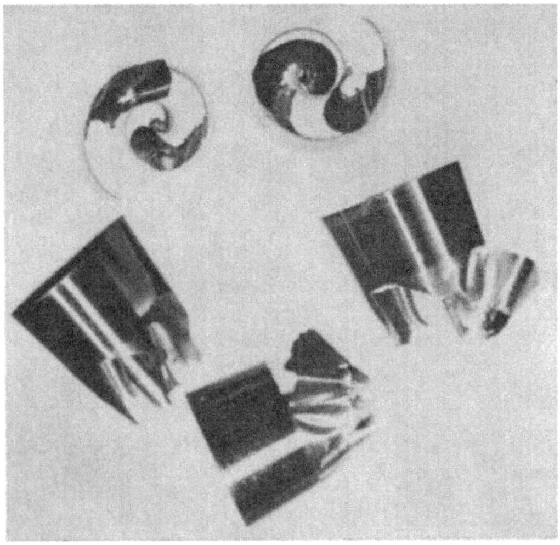

Werkstoff: Ck 45 N
Schneidstoff: Hartmetall **P 10**
Schnittbedingungen:
v = 200 m/min
s = 4 mm/Z
a = 0,04 mm
A = 20 mm
D = 210 mm

10 mm

Abb. 32 Spanform zu Abb. 31 b

9.5 Einfluß des Sturzes auf die Oberflächengüte

Während beim Feinfräsen im allgemeinen ein Sturz eingestellt wird, um ein Nachschneiden der Fräsmesser zu vermeiden, wurde in einer Versuchsreihe die Oberflächengüte beim Breitschlichten ohne Sturzeinstellung ermittelt. Durch das Nachschneiden wurde ein Span von der Dicke von 0,03 mm abgehoben, was unter der Annahme einer Spanstauchung von $\lambda \approx 3$ einer Spanungsdicke von 0,01 mm entsprechen dürfte. In Abb. 33 sind die Oberflächengüten beim Fräsen ohne und mit Sturzeinstellung in Abhängigkeit von der Spanungstiefe *a* dargestellt. Durch die geringe Spanungsdicke des Nachschnittes wird beim Fräsen ohne Sturzeinstellung die Oberflächengüte verschlechtert. Ein Breitschlichtfräsen ohne Sturz muß daher dort zur Anwendung kommen, wo die Maßabweichungen, die durch den Sturz hervorgerufen werden, unzulässig groß werden. Es läßt sich eher da einsetzen, wo ein Sturz nicht an der Maschine einstellbar ist und die erzeugten Oberflächen noch den gestellten Anforderungen entsprechen.

9.6 Einfluß der Schnittgeschwindigkeit auf die Oberflächengüte

In der Abb. 34 ist der Einfluß der Schnittgeschwindigkeit für einen Vorschub von 4 mm/Z und 0,06 mm Schnittiefe dargestellt. Mit abnehmender Schnittgeschwin-

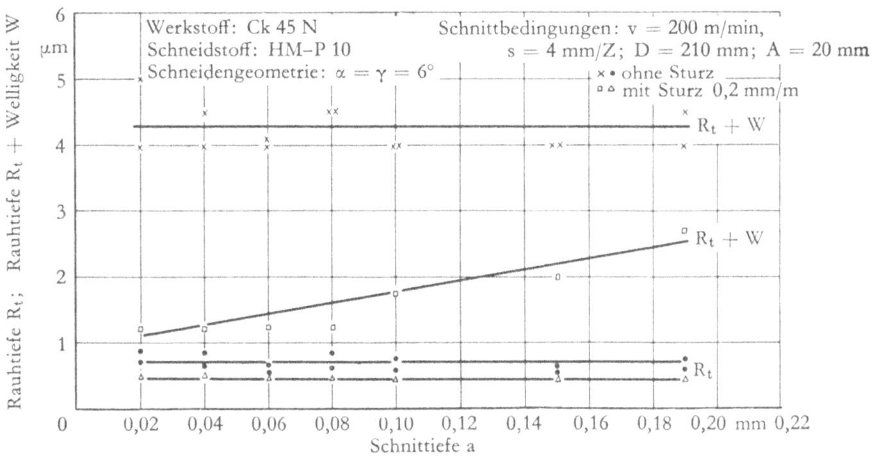

Abb. 33 Einfluß des Sturzes auf die Oberflächengüte

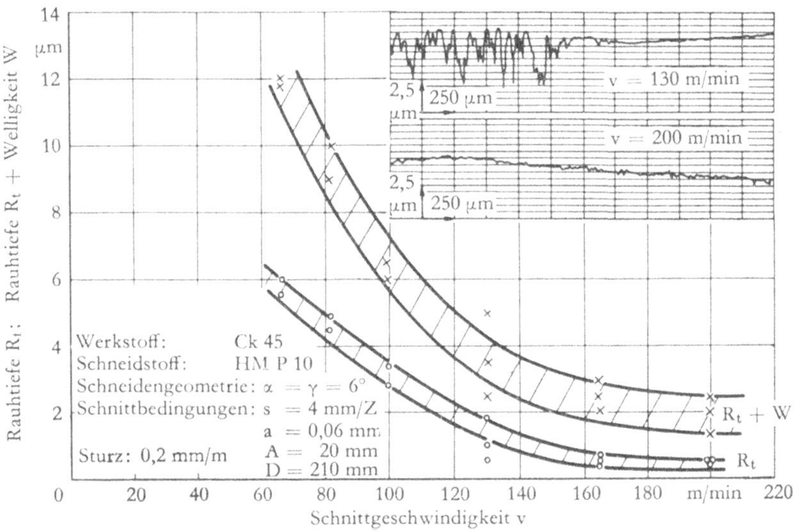

Abb. 34 Einfluß der Schnittgeschwindigkeit auf die Oberflächengüte

digkeit ist eine Abnahme der Oberflächengüte zu beobachten, was auf die zunehmende Neigung des Werkstoffes zur Aufbauschneidenbildung zurückzuführen ist. Weiterhin wurde beobachtet, daß besonders bei niedrigen Schnittgeschwindigkeiten ein Teil der Schneide über den Vorschubbereich hinaus über die Oberfläche schabt. Während der Span bei einer Schnittgeschwindigkeit von 200 m/min im Nachschnittbereich einen gezackten Rand zeigte, und dieser Nachschnitt praktisch keinen Einfluß auf die Oberflächengüte hatte, zeigten die Späne bei niedrigeren Schnittgeschwindigkeiten einen zusammenhängenden geraden

Rand von 1 bis 1,5 mm Breite und 0,01 bis 0,02 mm Dicke. Hierdurch wird die Oberfläche mehrere Mikrometer über die Welligkeit hinaus aufgerauht, was als ungünstig für die Oberflächengüte anzusehen ist.
Diese Erscheinung läßt sich wahrscheinlich auf plastische Verformungen des Werkstückes unter der Wirkung der Rückkräfte zurückführen. Es besteht aber auch die Möglichkeit, daß sich der Messerkopf unter der Wirkung der Kräfte elastisch verformt, so daß sich eine negative Schneideneinstellung ergibt. Wird die Mindestspandicke überschritten, so hebt die Schneide einen Span ab. Nach Untersuchungen von Sokolowski [28] beim Feindrehen nimmt die Mindestspandicke mit der Schneidkantenabrundung zu. In vielen Fällen ließ sich daher das Nachschneiden vermeiden, wenn die Schneidkanten mit einer Borkarbid-Feile von Hand unter einem Winkel von 45° abgezogen wurden.

9.7 Untersuchungen über verschiedene Anschliffformen der Werkzeuge

Bei diesen Untersuchungen kamen Hartmetallschneiden mit verschiedenen Anschliffformen bei Schnittgeschwindigkeiten von 200 und 165 m/min zur Anwendung (Abb. 35). Es wurden Meißel mit einem Einstellwinkel von $\varkappa = 90°$ und einem Eckenradius von $r = 1$ mm (Anschliff 1), einem Einstellwinkel von $\varkappa = 45°$ und einer 1,5 mm langen Nebenschneide (Anschliff 2) sowie Meißel, die zusätzlich zu Anschliff 2 mit einer Facette von 2° auf 1 mm Breite versehen waren (Anschliff 3), eingesetzt. Die Hauptschneide hatte bei allen Anschliffen einen Einstellwinkel von 0° und eine Mindestlänge von $s_z + 2$ mm.

Abb. 35 Einfluß der Anschliffform auf die Oberflächengüte

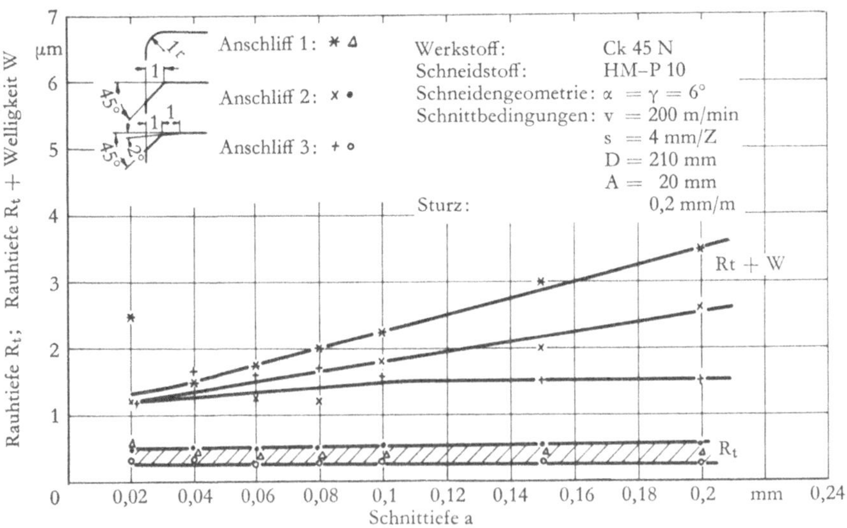

Abb. 35a

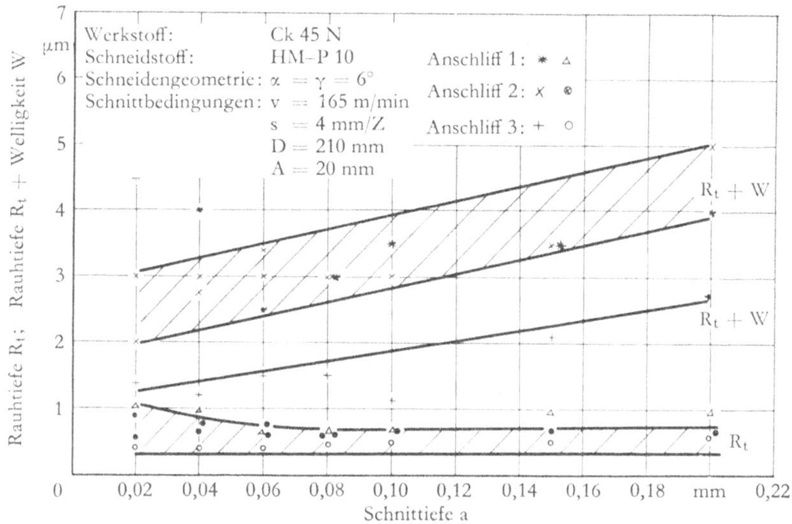

Abb. 35b

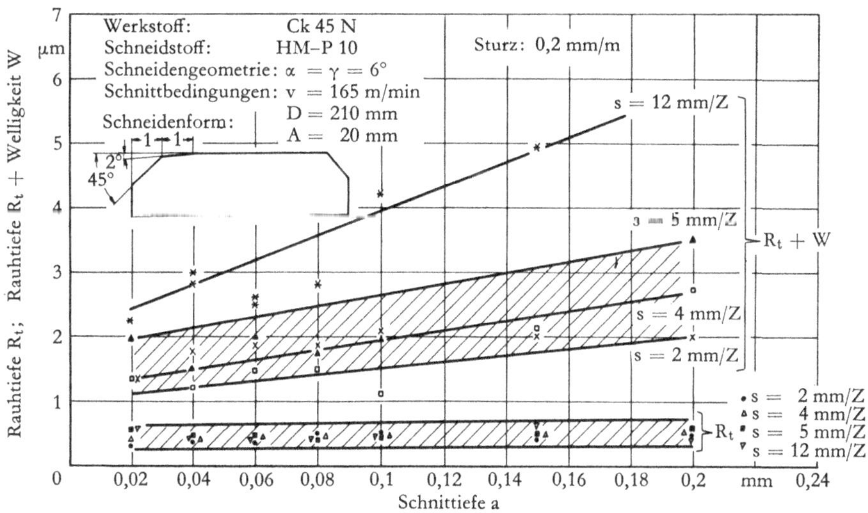

Abb. 35c

Die schlechteren Oberflächengüten bei Anschliff 1 und 2 im Gegensatz zu Anschliff 3 vor allem bei der Schnittgeschwindigkeit von $v = 165$ m/min sind durch den Nachschnitt (s. Kap. 8.6) bedingt. Durch den Anschliff einer Facette bei Meißelform 3 wird ein Span mit der Dicke, die über der Mindestspantiefe liegt, abgehoben. In diesem Fall liegen also definierte Schnittbedingungen vor, so daß ein Schaben der Schneiden unmöglich ist.

Auf Grund der vorliegenden Untersuchungen wird zum Breitschlichtfräsen von Stahl die Schneidenform 3 empfohlen, wobei Vorschübe bis zu 5 mm/Z bei Schnittiefen bis 0,05 mm und Schnittgeschwindigkeiten über 150 m/min angewandt werden sollten.

Standzeitversuche bei Schnittgeschwindigkeiten von 165 und 200 m/min, einer Schnittiefe von 0,06 mm und einem Vorschub von 4 mm/Z ergaben keine wesentliche Verschlechterung der Oberflächengüte mit zunehmendem Fräsweg, wobei die Werkstücke eine Breite von 90 mm aufwiesen und bis zu einer Fräslänge von 18 m gefräst wurde. Bei Versuchsende war der Freiflächenverschleiß von $B = 0{,}1$ mm, der durch das Abziehen der Schneide hervorgerufen worden war, auf $B = 0{,}15$–$0{,}18$ mm angewachsen. Die Bildung von Kammrissen konnte nicht festgestellt werden; diese Beobachtung deckt sich mit Angaben aus der Literatur [4], wonach für Hartmetall der Zerspanungsanwendungsgruppe P 10 Kammrisse erst bei Spanungsdicken über 0,1 mm auftreten.

10. Zusammenfassung

Außer dem vom Drehen her bekannten Verschleiß auf der Span- und der Freifläche treten beim Fräsen mit Hartmetallen zusätzliche Verschleißerscheinungen in Form von Rissen und Ausbrüchen auf. Während die Kammrisse infolge thermischer Wechselspannungen beim Überschreiten der Wechselfestigkeit des Hartmetalles entstehen, ist die Bildung von Querrissen im Gegensatz hierzu auf die durch die Schnittunterbrechungen bedingte mechanische Druckschwellbelastung zurückzuführen. Untersuchungen über den Einfluß verschiedener Schnittbedingungen auf die Bildung von Kamm- und Querrissen zeigten, daß Kammrisse allein keinen Ausbruch verursachen, jedoch das Hinzutreten von Querrissen zu Schneidenausbrüchen führt.

Infolge der großen Anzahl von Einflußgrößen, die zum Verschleiß und zum Erliegen der Hartmetallfräsmesser durch Schneidenausbrüche führen, gestaltet sich die Prüfung und Auswahl von Hartmetallen im Hinblick auf deren Verwendbarkeit im unterbrochenen Schnitt schwierig. So wurde festgestellt, daß zwischen dem Freiflächenverschleiß sowie dem Kammrißverhalten beim Fräsen und der Härte der Hartmetalle zwar qualitative Abhängigkeiten bestehen; einem bestimmten Härtewert kann jedoch kein bestimmtes Verschleiß- oder Rißverhalten zugeordnet werden. Die Untersuchungen zeigen aber, daß die Härteprüfung zur Überprüfung der Gleichmäßigkeit der Hartmetallieferungen gut geeignet ist; sie gestattet es, Verwechslungen rechtzeitig zu erkennen. Die Bestimmung des spezifischen Gewichts stellt ebenfalls eine einfach durchführbare Methode zur Verwechslungsprüfung dar. Die gefundenen qualitativen Abhängigkeiten zwischen dem Verschleiß- und Rißverhalten dürften im wesentlichen auf die unterschiedlichen Legierungsgehalte und die Gefügeausbildung zurückzuführen sein.

Weiterhin wurde versucht, den Rißbeginn bei der Kugeleindruckprüfung als Kriterien für die Zähigkeit von Hartmetallen heranzuziehen. Dabei wurde festgestellt, daß die Versuchsstreuungen trotz aufwendiger Probenvorbereitung besonders für die aus dem Rißbeginn bestimmten Rißbildungsarbeit beträchtlich waren. Hierauf ist es im wesentlichen zurückzuführen, daß sich ein direkter Zusammenhang zwischen der Zähigkeit und dem Verschleiß- oder Rißverhalten beim Fräsen nicht nachweisen ließ. Es wurden jedoch auch bei dieser Methode zur Prüfung der Hartmetalle qualitative Abhängigkeiten zu dem Verschleißverhalten gefunden.

Neben den Untersuchungen über den Einsatz von Hartmetallen beim Schruppfräsen wurden Feinfräsversuche durchgeführt. Es ließ sich zeigen, daß durch das Breitschlichtfräsen ebene Flächen hergestellt werden können, deren Rauhtiefe plus Welligkeit kleiner als 5 μm ist. Voraussetzung dafür ist, daß die Schneiden sorgfältig eingerichtet und abgezogen werden; als günstige Schnittbedingungen

können Schnittiefen bis 0,1 mm und Vorschübe bis 5 mm/Zahn bei Schnittgeschwindigkeiten über 150 m/min empfohlen werden. Hierbei sollen möglichst nur solche Schneiden eingesetzt werden, die neben einer geraden Hauptschneide eine Nebenschneide unter einem Einstellwinkel von 45° und zusätzlich eine Facette von 2° auf 1 mm Breite aufweisen. Sofern auf eine Sturzeinstellung beim Breitschlichtfräsen von Stahl verzichtet werden muß, ist mit einer geringen Verschlechterung der Oberflächengüte zu rechnen.
Auf Grund dieser Untersuchungsergebnisse kann gefolgert werden, daß das Breitschlichtfräsen mit Erfolg für solche Bearbeitungsoperationen eingesetzt werden kann, die bisher noch dem Schleifen oder Schaben von Hand vorbehalten waren. Im Gegensatz zu diesem Verfahren zeichnet sich das Breitschlichtfräsen durch geringe Rüstzeiten für das Einrichten der Schneiden und kurze Bearbeitungszeiten aus.

Prof. Dr. Ing. Dr. h.c. H. Opitz
Dr.-Ing. W. Lehwald
Dipl.-Ing. W.-D. Neumann

11. Literaturverzeichnis

[1] Witthoff, J., R. Schaumann und H. Siebel, Die Hartmetallwerkzeuge in der spanabhebenden Formung. Carl Hanser Verlag, München (1961).

[2] Widmer, M., Übersicht über die Hartmetalle. Industrielle Organisation 24 (1955) 5, S. 153–158.

[3] Siebel, H., Untersuchungen über das Stirnfräsen von Stahl mit Hartmetall. Diss. TH Aachen (1958).

[4] Opitz, H., und W. Lehwald, Untersuchungen über den Einsatz von Hartmetallen beim Fräsen. Forschungsbericht des Landes Nordrhein-Westfalen Nr. 1146, Westdeutscher Verlag, Köln und Opladen.

[5] Märkle, A., Vorbedingungen zum Feinfräsen. Industrie-Anzeiger 79 (1957), Nr. 36, S. 37–40.

[6] Weber, G., Die Beziehung zwischen Spanentstehung, Verschleißformen und Zerspanbarkeit beim Drehen von Stahl. Diss. TH Aachen (1954).

[7] Shinozaki, N., und M. Harada, Thermal Stress Resistance of some Carbide and Oxide Tool Materials. Scientific Papers of the Inst. of Phys. and Chem. Research, Tokio (Japan) 55 (1961) 3, S. 154–164.

[8] Victor, H., Beitrag zur Kenntnis der Schnittkräfte deim Drehen, Hobeln und Bohren. Diss., TH Hannover (1956).

[9] Kienzle, O., und H. Victor, Spezifische Schnittkräfte bei der Metallbearbeitung. Werkstattechnik und Maschinenbau 47 (1957) 5, S. 224–225.

[10] Okushima, K., und T. Hoshi, Study on Carbide Milling (Mainly on the Thermal Crack). Ber. des Dept. of Precision Mechanics. Fac. of Engineering, Kyoto, Japan (1961).

[11] Okushima, K., und T. Hoshi, Thermal Crack in the Carbide Face-Milling Cutter. Bull. of ISME 5 (1962) 17, S. 151–160.

[12] Siebel, E., Handbuch der Werkstoffprüfung, 2. Bd., 2. Aufl. Die Prüfung der metallischen Werkstoffe. Springer-Verlag, Berlin–Göttingen–Heidelberg (1955).

[13] Küsters, K. J., Temperaturen im Schneidkeil spanender Werkzeuge. Diss., TH Aachen (1956).

[14] Küsters, K. J., Temperaturen im Schneidkeil spanender Werkzeuge. Industrie-Anzeiger (1956) 89, S. 1337–1340.

[15] Härtemessung an Hartmetall. Normvorschlag der Jernkontorets Forsingsutskott 8 für Pulvermetallurgie (Schweden). Rundschreiben des Ausschusses Pulvermetallurgie, Düsseldorf (1962).

[16] Schmidt, W., Untersuchungen über die Abhängigkeit der Härte von der Prüflast im Bereich kleiner Prüfkräfte. Archiv f. d. Eisenhüttenwesen 32 (1961) 7, S. 467–473.

[17] Ludwig, N., Über den Vergleich der Härteskala nach Mohs mit den Ergebnissen anderer Härteprüfverfahren. Metalloberfläche 5 (1951) 3, S. 38–42.

[18] Kieffer, R., und P. Schwarzkopf, Hartstoffe und Hartmetalle. Springer Verlag, Wien (1953).

[19] Ballhausen, C., Eigenschaften von gesinterten Hartmetall-Legierungen in vergleichbarer Darstellung. Stahl und Eisen 72 (1952) 9, S. 489–492.
[20] Bentel, H., Die Auswirkung der Zerspanungsforschung auf den Aufbau der Hartmetalle und deren Zuordnung zur Zerspanaufgabe im Spiegel des ISO-Ordnungssystems. Maschinenmarkt 1960, Nr. 11, S. 35–36; Maschinenmarkt 1960, Nr. 19, S. 35–41.
[21] New Wimet Steel-cutting Grades introduced. Metalworking Prod. (1957), S. 115–117.
[22] Improved Carbides for Machining Steel. Engineering (1957), S. 106/107.
[23] Koloc, J., Einige Erkenntnisse bezüglich des Fräsens mit Hartmetallen. Schwerindustrie der CSR (1960) 9, S. 26–29.
[24] Houdek, J., und M. Dlouhy, Bestimmung der Zähigkeit von Hartmetallen mit mit Hilfe der Kugeleindruckprüfung. Strojirenstvi 11 (1961) 2, S. 126–132 (Tschechisch).
[25] Neumann, S., und W. Wetter, Fein- und Feinstfräsen. Techn. Zeitschrift für praktische Metallbearbeitung 57 (1963), Nr. 9, S. 528–534.
[26] Pechaty, K., Neuere Erkenntnisse hinsichtlich des Fräsens mit Hartmetallwerkzeugen. Schwerindustrie der CSR (1964) 3, S. 24–32.
[27] Stark, H., und G. Vieregge, Konstruktive Merkmale und Zerspanungsleistung einer schweren Portalfräsmaschine. Industrie-Anzeiger 84 (1962), Nr. 37, S. 763–772.
[28] Sokolowski, A., Präzision in der Metallbearbeitung. VEB – Verlag Technik, Berlin (1955).
[29] Kronenberg, M., Analysis of Initial Contact of Milling Cutter and Work in Relation to Tool Life. Transact. ASME (1946), S. 217–228.
[30] Pekelharing, A. J., A Story about the Cracking of Ceramic Tools when cutting Steel. Refer. XI Generalversammlung CIRP, Prag (1961).
[31] Vieregge, G., Zerspanung der Eisenwerkstoffe. Verlag Stahleisen mbH, Düsseldorf (1959).

FORSCHUNGSBERICHTE DES LANDES NORDRHEIN-WESTFALEN

Herausgegeben im Auftrage des Ministerpräsidenten Dr. Franz Meyers
vom Landesamt für Forschung, Düsseldorf

MASCHINENBAU

HEFT 45
Losenhausenwerk Düsseldorfer Maschinenbau AG, Düsseldorf
Untersuchungen von störenden Einflüssen auf die Lastgrenzenanzeige von Dauerschwingprüfmaschinen
1953. 24 Seiten, 11 Abb., 3 Tabellen. DM 7,25

HEFT 100
Prof. Dr.-Ing. Herwart Opitz, Aachen
Untersuchungen von elektrischen Antrieben, Steuerungen und Regelungen an Werkzeugmaschinen
1955. 151 Seiten, 71 Abb., 3 Tabellen. DM 31,30

HEFT 136
Dipl.-Phys. P. Pilz, Remscheid
Über spezielle Probleme der Zerkleinerungstechnik von Weichstoffen
1955. 41 Seiten, 19 Abb., 2 Tabellen. DM 11,50

HEFT 147
Dr.-Ing. W. Rudisch, Unna
Untersuchung einer drehelastischen Elektromagnet-Synchronkupplung
1955. 69 Seiten, 65 Abb. DM 17,70

HEFT 183
Dr. phil. rer. nat. W. Bornheim, Köln
Entwicklungsarbeiten an Flaschen- und Ampullen-Behandlungsmaschinen für die pharmazeutische Industrie
1956. 38 Seiten, 24 Abb. DM 11,70

HEFT 212
Dipl.-Ing. Heinrich Spodig, Chemapern GmbH, Selm
Untersuchung zur Anwendung der Dauermagnete in der Technik
1955. 37 Seiten, 25 Abb. Vergriffen

HEFT 295
Prof. Dr.-Ing. Herwart Opitz und Dipl.-Ing. Heinrich Axer, Laboratorium für Werkzeugmaschinen und Betriebslehre der Rhein.-Westf. Technischen Hochschule Aachen
Untersuchung und Weiterentwicklung neuartiger elektrischer Bearbeitungsverfahren
1956. 31 Seiten, 27 Abb. DM 10,30

HEFT 298
Baurat i. R. Prof. Dr.-Ing. Ernst Oehler, Aachen
Untersuchung von kritischen Drehzahlen, die durch Kreiselmomente verursacht werden
1956. 41 Seiten, 35 Abb. DM 13,15

HEFT 384
Prof. Dr.-Ing. Herwart Opitz, Dr.-Ing. Rolf Piekenbrink und Dipl.-Ing. Wolfgang Hölken, Aachen
Schwingungsuntersuchungen an Werkzeugmaschinen
1958. 66 Seiten, 73 Abb. DM 20,40

HEFT 412
Prof. Dr.-Ing. Herwart Opitz, Prof. Dr.-Ing. Volker Aschoff, Dr.-Ing. Hermann Stute und Dipl.-Ing. Gottfried Stute, Rhein.-Westf. Technische Hochschule Aachen
Kennwerte und Leistungsbedarf für Werkzeugmaschinengetriebe
1958. 57 Seiten, 35 Abb. DM 17,20

HEFT 506
Oberbaurat Prof. Dr.-Ing. Walther Meyer zur Capellen, Aachen
Der Flächeninhalt von Koppelkurven. Ein Beitrag zu ihrem Formenwandel
1958. 74 Seiten, 26 Abb. DM 21,50

HEFT 533
Prof. Dr.-Ing. Herwart Opitz und Dipl.-Ing. Wolfgang Hölken, Laboratorium für Werkzeugmaschinen und Betriebslehre der Rhein.-Westf. Technischen Hochschule Aachen
Untersuchung von Ratterschwingungen an Drehbänken
1958. 69 Seiten, 44 Abb., 2 Tabellen. DM 19,70

HEFT 606

Oberbaurat Prof. Dr.-Ing. Walther Meyer zur Capellen, Aachen

Eine Getriebegruppe mit stationärem Geschwindigkeitsverlauf

1958, 33 Seiten, 21 Abb. DM 10,50

HEFT 631

Dr. Erich Wedekind, Krefeld

Der Einfluß der Automatisierung auf die Struktur der Maschinen- und Arbeiterzeiten am mehrstelligen Arbeitsplatz in der Textilindustrie

1958. 71 Seiten, 32 Abb., 8 Tabellen. Vergriffen

HEFT 667

Prof. Dr.-Ing. Herwart Opitz und Dipl.-Ing. Herbert de Jong, Laboratorium für Werkzeugmaschinen und Betriebslehre der Rhein.-Westf. Technischen Hochschule Aachen

Schwingungs- und Geräuschuntersuchung an ortsfesten Getrieben

1959. 32 Seiten, 28 Abb., 2 Tabellen. DM 10,30

HEFT 668

Prof. Dr.-Ing. Herwart Opitz, Dipl.-Ing. Günter Ostermann und Dipl.-Ing. Max Gappisch, Laboratorium für Werkzeugmaschinen und Betriebslehre der Rhein.-Westf. Technischen Hochschule Aachen

Beobachtungen über den Verschleiß an Hartmetallwerkzeugen

1958. 38 Seiten, 26 Abb. DM 12,—

HEFT 669

Prof. Dr.-Ing. Herwart Opitz, Dipl.-Ing. Hans Uhrmeister und Dipl.-Ing. Klaus Jüstel, Laboratorium für Werkzeugmaschinen und Betriebslehre der Rhein.-Westf. Technischen Hochschule Aachen

Aufbau und Wirkungsweise einer Magnetbandsteuerung

1958. 50 Seiten, 39 Abb. DM 15,—

HEFT 670

Prof. Dr.-Ing. Herwart Opitz und Dipl.-Ing. Wolfgang Backé, Laboratorium für Werkzeugmaschinen und Betriebslehre der Rhein.-Westf. Technischen Hochschule Aachen

Untersuchung von Kopiersteuerungen

1959. 69 Seiten, 54 Abb. DM 18,80

HEFT 671

Prof. Dr.-Ing. Herwart Opitz, Dr.-Ing. Rolf Piekenbrink und Dipl.-Ing. Kurt Honrath, Laboratorium für Werkzeugmaschinen und Betriebslehre der Rhein.-Westf. Technischen Hochschule Aachen

Untersuchungen an Werkzeugmaschinenelementen

1959. 69 Seiten, 71 Abb. DM 20,—

HEFT 672

Prof. Dr.-Ing. Herwart Opitz, Dipl.-Ing. Heinrich Heiermann und Dipl.-Ing. Bernhard Rupprecht, Laboratorium für Werkzeugmaschinen und Betriebslehre der Rhein.-Westf. Technischen Hochschule Aachen

Untersuchungen beim Innenrundschleifen

1959. 34 Seiten, 50 Abb. DM 11,50

HEFT 673

Prof. Dr.-Ing. Herwart Opitz, Dipl.-Ing. Hans Obrig und Dipl.-Ing. Karlheinz Ganser, Laboratorium für Werkzeugmaschinen und Betriebslehre der Rhein.-Westf. Technischen Hochschule Aachen

Die Bearbeitung von Werkzeugstoffen durch funkenerosives Senken

1959. 59 Seiten, 41 Abb., 1 Tabelle. DM 18,—

HEFT 676

Prof. Dr.-Ing. Walther Meyer zur Capellen, Aachen

Harmonische Analyse bei Kurbeltrieben

I. Allgemeine Zusammenhänge

1959. 38 Seiten, 10 Abb. DM 11,50

HEFT 695

Dr.-Ing. Walter Herding, München

Die Fahrdynamik und das Arbeitsspiel gleisloser Erdbaugeräte als Kalkulationsgrundlage für die Bodenförderung und ihre Kosten

1960. 178 Seiten, 89 Abb., 18 Tabellen. DM 49,—

HEFT 718

Prof. Dr.-Ing. Walther Meyer zur Capellen, Lehrstuhl für Getriebelehre der Rhein.-Westf. Technischen Hochschule Aachen

Die geschränkte Kurbelschleife

I. Die Bewegungsverhältnisse

1959. 109 Seiten, 54 Abb. DM 29,20

HEFT 764

Prof. Dr.-Ing. Herwart Opitz, Dr.-Ing. Henning Siebel und Dipl.-Ing. Reinhard Fleck, Laboratorium für Werkzeugmaschinen und Betriebslehre der Rhein.-Westf. Technischen Hochschule Aachen

Keramische Schneidstoffe

1959. 30 Seiten, 18 Abb. DM 9,80

HEFT 772

Prof. Dr.-Ing. Walther Meyer zur Capellen, Lehrstuhl für Getriebelehre der Rhein.-Westf. Technischen Hochschule Aachen

Nomogramme zur geneigten Sinuslinie

1959. 27 Seiten, 11 Abb. DM 8,50

HEFT 775

Prof. Dr.-Ing. Herwart Opitz und Dr.-Ing. Janez Peklenik, Laboratorium für Werkzeugmaschinen und Betriebslehre der Rhein.-Westf. Technischen Hochschule Aachen

Über den Aufbau und das Verhalten meßgesteuerter Werkzeugmaschinen

1959. 37 Seiten, 27 Abb. DM 11,40

HEFT 777

Prof. Dr.-Ing. Herwart Opitz und Dipl.-Ing. Paul-Heinz Brammertz, Laboratorium für Werkzeugmaschinen und Betriebslehre der Rhein.-Westf. Technischen Hochschule Aachen

Werkstückgüte und Fertigkeitskosten beim Innen-Feindrehen und Außenrund-Einstechschleifen

1959. 91 Seiten, 68 Abb. DM 25,30

HEFT 788
Prof. Dr.-Ing. Herwart Opitz, Laboratorium für Werkzeugmaschinen und Betriebslehre der Rhein.-Westf. Technischen Hochschule Aachen
Der Einsatz radioaktiver Isotope bei Zerspanungsuntersuchungen
1959. 35 Seiten, 23 Abb. DM 11,30

HEFT 794
Dipl.-Ing. Reinhard Wilken, Forschungsstelle Blechverarbeitung am Institut für Werkzeugmaschinen und Umformtechnik der Technischen Hochschule Hannover
Das Biegen von Innenborden mit Stempeln
1959. 80 Seiten. DM 22,40

HEFT 801
Baurat Dipl.-Ing. Waldemar Gesell, Staatliche Ingenieurschule für Maschinenwesen, Duisburg
Ersatz von Quarzsand als Strahlmittel
1960. 66 Seiten, 12 Abb., 4 Tabellen, 17 Diagramme. DM 18,90

HEFT 803
Prof. Dr.-Ing. Walther Meyer zur Capellen und Dipl.-Ing. Erich Lenk, Lehrstuhl für Getriebelehre der Rhein.-Westf. Technischen Hochschule Aachen
Harmonische Analyse bei Kurbeltrieben II. Gleichschenklige Getriebe
1960. 69 Seiten, 15 Abb. DM 18,40

HEFT 804
Prof. Dr.-Ing. Walther Meyer zur Capellen und Dipl.-Ing. Walter Rath, Lehrstuhl für Getriebelehre der Rhein.-Westf. Technischen Hochschule Aachen
Die geschränkte Kurbelschleife II
Die Harmonische Analyse
1960. 66 Seiten, 14 Abb. DM 18,90

HEFT 806
Prof. Dr.-Ing. Herwart Opitz und Dr.-Ing. Rolf Piekenbrink, Laboratorium für Werkzeugmaschinen und Betriebslehre der Rhein.-Westf. Technischen Hochschule Aachen
Untersuchungen an Zahnradbearbeitungsmaschinen
1960. 95 Seiten, 81 Abb. DM 29,30

HEFT 809
Prof. Dr.-Ing. Herwart Opitz und Dipl.-Ing. H. H. Herold, Laboratorium für Werkzeugmaschinen und Betriebslehre der Rhein.-Westf. Technischen Hochschule Aachen
Untersuchung von elektro-mechanischen Schaltelementen
1960. 35 Seiten, 16 Abb. DM 11,—

HEFT 810
Prof. Dr.-Ing. Herwart Opitz und Dr.-Ing. Norbert Maas, Laboratorium für Werkzeugmaschinen und Betriebslehre der Rhein.-Westf. Technischen Hochschule Aachen
Das dynamische Verhalten von Lastschaltgetrieben
1960. 97 Seiten, 77 Abb. DM 29,50

HEFT 811
Prof. Dr.-Ing. Herwart Opitz, Dipl.-Ing. Klaus Jüstel und Dipl.-Ing. H. Bürklin, Forschungsinstitut für Rationalisierung der Rhein.-Westf. Technischen Hochschule Aachen
Über Weggeber für automatisch gesteuerte Arbeitsmaschinen
1960. 93 Seiten, 79 Abb. Vergriffen

HEFT 820
Prof. Dr.-Ing. Herwart Opitz, Dipl.-Ing. Helmut Rohde und Dipl.-Ing. Wilfried König, Laboratorium für Werkzeugmaschinen und Betriebslehre der Rhein.-Westf. Technischen Hochschule Aachen
Untersuchungen der Spanformung durch Spanbrecher beim Drehen mit Hartmetallwerkzeugen
1960. 46 Seiten, 41 Abb., 4 Tabellen. DM 15,80

HEFT 830
Prof. Dr.-Ing. Herwart Opitz und Dipl.-Ing. Wolfgang Backé, Laboratorium für Werkzeugmaschinen und Betriebslehre der Rhein.-Westf. Technischen Hochschule Aachen
Automatisierung des Arbeitsablaufes in der spanabhebenden Fertigung. Untersuchung eines unstetigen Nachformsystems mit einem elektrohydraulischen Stellglied
1960. 43 Seiten, 39 Abb. DM 14,60

HEFT 831
Prof. Dr.-Ing. Herwart Opitz, Dr.-Ing. Hans-Günther Rohs und Dr.-Ing. Gottfried Stute, Laboratorium für Werkzeugmaschinen und Betriebslehre der Rhein.-Westf. Technischen Hochschule Aachen
Statistische Untersuchungen über die Ausnutzung von Werkzeugmaschinen in der Einzel- und Massenfertigung
1960. 38 Seiten, 32 Abb. DM 13,—

HEFT 835
Prof. Dr.-Ing. Walther Meyer zur Capellen, Lehrstuhl für Getriebelehre der Rhein.-Westf. Technischen Hochschule Aachen
Die harmonische Analyse von zykloidengesteuerten Schleifen
1961. 57 Seiten, 22 Abb. DM 20,90

HEFT 864
Prof. Dr.-Ing. Herwart Opitz und Dr.-Ing. Gottfried Stute, Laboratorium für Werkzeugmaschinen und Betriebslehre der Rhein.-Westf. Technischen Hochschule Aachen
Funkenarbeit und Bearbeitungsergebnis bei der funkenerosiven Bearbeitung
1960. 44 Seiten, 19 Abb. DM 13,60

HEFT 873
Prof. Dr.-Ing. Walther Meyer zur Capellen und Dipl.-Ing. Walter Rath, Lehrstuhl für Getriebelehre der Rhein.-Westf. Technischen Hochschule Aachen
Kinematik der sphärischen Schubkurbel
1960. 37 Seiten, 13 Abb. DM 11,20

HEFT 887

Baurat Dipl.-Ing. Waldemar Gesell, Staatliche Ingenieurschule für Maschinenwesen, Duisburg

Arbeiten mit Preß-Formmaschinen unter Normal-Bedingungen und bei hohen spezifischen Preßdrücken

1960. 140 Seiten, 108 Abb., 11 Tabellen. DM 42,—

HEFT 898

Prof. Dr.-Ing. Herwart Opitz und Herbert de Jong, Laboratorium für Werkzeugmaschinen und Betriebslehre der Rhein.-Westf. Technischen Hochschule Aachen

Untersuchung von Zahnradgetrieben und Zahnradbearbeitungsmaschinen in Zusammenarbeit mit der Industrie

1960. 58 Seiten, 52 Abb. DM 19,20

HEFT 900

Prof. Dr.-Ing. Herwart Opitz und Dr.-Ing. Johannes Bielefeld, Laboratorium für Werkzeugmaschinen und Betriebslehre der Rhein.-Westf. Technischen Hochschule Aachen

Modellversuche an Werkzeugmaschinenelementen

1960. 73 Seiten, 55 Abb. DM 21,—

HEFT 901

Prof. Dr.-Ing. Herwart Opitz, Dr.-Ing. Johannes Bielefeld und Dipl.-Ing. Werner Kalkert, Laboratorium für Werkzeugmaschinen und Betriebslehre der Rhein.-Westf. Technischen Hochschule Aachen

Lebensdauerprüfung von Zahnradgetrieben

1960. 54 Seiten, 46 Abb. Vergriffen

HEFT 908

Dr.-Ing. Wilhelm Dettmering, Institut für Turbomaschinen der Rhein.-Westf. Technischen Hochschule Aachen

Experimentelle Untersuchungen an einer axialen Turbinenstufe

1960. 180 Seiten, 116 Abb., 13 Tabellen. DM 50,80

HEFT 914

Baurat Dipl.-Ing. Waldemar Gesell, Staatliche Ingenieurschule für Maschinenwesen, Duisburg

Zu Fragen der Strahlmittelprüfung

1961. 188 Seiten, 78 Abb., 1 Tafel. DM 49,—

HEFT 923

Prof. Dr.-Ing. Walther Meyer zur Capellen und Dipl.-Ing. Karl-Albert Rischen, Lehrstuhl für Getriebelehre der Rhein.-Westf. Technischen Hochschule Aachen

Lagenzuordnungen an ebenen Viergelenkgetrieben in analytischer Darstellung. Eine Maßsynthese

1961. 83 Seiten, 29 Abb. DM 23,20

HEFT 928

Prof. Dr.-Ing. Herwart Opitz, Dipl.-Ing. Helmut Rohde und Dipl.-Ing. Wilfried König, Laboratorium für Werkzeugmaschinen und Betriebslehre der Rhein.-Westf. Technischen Hochschule Aachen

Untersuchung des Räumvorganges

1961. 115 Seiten, 90 Abb. DM 36,10

HEFT 929

Prof. Dr.-Ing. Herwart Opitz, Dr.-Ing. Henning Siebel, Dipl.-Ing. Reinhard Fleck und Dipl.-Ing. Franz Altdorf, Laboratorium für Werkzeugmaschinen und Betriebslehre der Rhein.-Westf. Technischen Hochschule Aachen

Richtwerte für das Fräsen von unlegierten und legierten Baustählen mit Hartmetall – Teil III

1961. 64 Seiten, 57 Abb., 7 Tabellen. DM 21,30

HEFT 930

Prof. Dr.-Ing. Herwart Opitz und Dipl.-Ing. Rolf Umbach, Laboratorium für Werkzeugmaschinen und Betriebslehre der Rhein.-Westf. Technischen Hochschule Aachen

Modellversuch zur dynamischen Versteifung von Werkzeugmaschinen durch Ankopplung gedämpfter Hilfsmassensysteme

1961. 37 Seiten, 30 Abb. DM 13,30

HEFT 931

Dipl.-Ing. Hans-Günther Rachner, Institut für Maschinen-Gestaltung und Maschinen-Dynamik der Rhein.-Westf. Technischen Hochschule Aachen

Leiter: Prof. Dr.-Ing. K. Lürenbaum

Ein Beitrag zur Frage der Kettenradverzahnung

1961. 63 Seiten, 55 Abb., 2 Tabellen. DM 19,90

HEFT 943

Dipl.-Ing. Hans-Günther Rachner, Institut für Maschinen-Gestaltung und Maschinen-Dynamik der Rhein.-Westf. Technischen Hochschule Aachen

Leiter: Prof. Dr.-Ing. K. Lürenbaum

Die Drehschwingungen des Zweirad-Kettentriebes bei innerer Erregung

1961. 98 Seiten, 68 Abb. DM 30,—

HEFT 949

Prof. Dr.-Ing. Karl Leist †, Dipl.-Ing. Dieter Stojek und Dipl.-Ing. Manfred Pötke, Institut für Turbomaschinen der Rhein.-Westf. Technischen Hochschule Aachen

Verbesserung der Wirtschaftlichkeit von Gasturbinen durch Zwischenverbrennung innerhalb der Turbine und Versuche zu ihrer Verwirklichung

1961. 80 Seiten, 40 Abb. DM 30,10

HEFT 950

Prof. Dr.-Ing. Karl Leist † und Dipl.-Ing. Oswald Thun, Institut für Turbomaschinen der Rhein.-Westf. Technischen Hochschule Aachen

Strömungsmessungen zur Ermittlung von Brennkammer-Ausbrenngraden

1961. 66 Seiten, 33 Abb., 6 Tabellen. DM 19,90

HEFT 951

Prof. Dr.-Ing. Karl Leist † und Dipl.-Ing. Oswald Thun, Institut für Turbomaschinen der Rhein.-Westf. Technischen Hochschule Aachen

Meßmethode bei Brennkammeruntersuchungen zur Ermittlung des Ausbrenngrades

1961. 63 Seiten, 10 Abb., 2 Tabellen. DM 19,20

HEFT 953

Prof. Dr.-Ing. Karl Leist † und Dipl.-Ing. Heinrich Ostenrath, Institut für Turbomaschinen der Rhein.-Westf. Technischen Hochschule Aachen

Betriebsverhalten einer Versuchsturbine kleiner Leistung

1961. 43 Seiten, 35 Abb., 2 Anlagen. DM 15,30

HEFT 955

Prof. Dr.-Ing. Herwart Opitz und Dipl.-Ing Hans Uhrmeister, Laboratorium für Werkzeugmaschinen und Betriebslehre der Rhein.-Westf. Technischen Hochschule Aachen

Die dynamischen Eigenschaften hydraulischer Vorschubmotoren für Werkzeugmaschinen

1961. 60 Seiten, 66 Abb. DM 20,—

HEFT 977

Dr.-Ing. Gottfried Kronenberger, Institut für Baumaschinen und Baubetrieb der Rhein.-Westf. Technischen Hochschule Aachen

Leiter: Prof. Dr. Georg Garbotz

Untersuchungen über die Verdichtungswirkung und das Arbeitsverhalten eines Einmassenrüttlers auf Schotter und Kiessand zur Ermittlung der maßgeblichen Einflußgrößen bei der Rüttelverdichtung

1961. 96 Seiten, 17 Tafeln, 7 Tabellen, 36 Abb. DM 27,70

HEFT 981

Dr.-Ing. Werner Wilhelm, Aerodynamisches Institut der Rhein.-Westf. Technischen Hochschule Aachen

Berechnung des Gaswechsels kurbelkastengespülter Zweitaktmotoren unter Berücksichtigung des Einflusses der Massenwirkung der strömenden Gassäule in den Spülkanälen

1961. 57 Seiten, 6 Abb., 10 Bilder. DM 19,20

HEFT 982

Dr.-Ing. Werner Wilhelm, Aerodynamisches Institut der Rhein.-Westf. Technischen Hochschule Aachen

Die Wirkung von Auspuffrohren mit Blenden am Rohrende sowie diffusorartiger Auspuffleistungen auf den Ladungswechsel einer Einzylinder-Zweitakt-Vergasermaschine mit Kurbelkastenspülpumpe

1961. 61 Seiten, 24 Abb., 1 Tabelle. DM 19,10

HEFT 983

Prof. Dr.-Ing. Paul Hadlatsch †, Aerodynamisches Institut der Rhein.-Westf. Technischen Hochschule Aachen

Berechnung der Druckwellen in Brennstoffeinspritzsystemen und in hydraulischen Ventilsteuerungen

1961. 107 Seiten, 31 Abb., 2 Tabellen. DM 33,90

HEFT 986

Dr.-Ing. Jameel Ahmad Khan, Aerodynamisches Institut der Rhein.-Westf. Technischen Hochschule Aachen

Untersuchungen zur instationären Strömung durch unstetige Querschnittsänderungen in Druckleitungen von Einspritzsystemen

1961. 76 Seiten, 47 Abb., 1 Tabelle. DM 28,60

HEFT 987

Dr.-Ing. Wilhelm Bosch, Aerodynamisches Institut der Rhein.-Westf. Technischen Hochschule Aachen

Untersuchungen zur instationären reibenden Strömung in Druckleitungen von Einspritzsystemen

1961. 55 Seiten, 37 Abb. DM 20,—

HEFT 988

Dr.-Ing. Werner Wilhelm und Dipl.-Ing. Rudolf Jürgler, Aerodynamisches Institut der Rhein.-Westf. Technischen Hochschule Aachen

Nichtstationäre, eindimensionale und reibungsfreie Gasströmung schwach kompressibler Medien in Rohren mit einigen unstetigen Querschnittsänderungen

1961. 69 Seiten, 17 Abb. DM 21,50

HEFT 989

Dr.-Ing. Werner Wilhelm, Aerodynamisches Institut der Rhein.-Westf. Technischen Hochschule Aachen

Einfluß der Spülkanalabmessungen auf den Ladungswechsel kurbelkastengespülter Zweitakt-Motoren

1961. 99 Seiten, 37 Abb., Tabellen. DM 35,30

HEFT 1006

Prof. Dr.-Ing. Walther Meyer zur Capellen und Mitarbeiter, Lehrstuhl für Getriebelehre der Rhein.-Westf. Technischen Hochschule Aachen

Bewegungsverhältnisse an gleichschenkligen Kurbeltrieben

1962. 72 Seiten, 49 Abb. DM 25,—

HEFT 1007

Prof. Dr.-Ing. Dr. h. c. Herwart Opitz und Dr.-Ing. Gottfried Stute, Laboratorium für Werkzeugmaschinen und Betriebslehre der Rhein.-Westf. Technischen Hochschule Aachen

Berechnung der Funkenarbeit aus den elektrischen Daten der Arbeitskreiselemente von Funkenerosionsmaschinen

1961. 43 Seiten, 9 Abb. DM 14,80

HEFT 1008

Prof. Dr.-Ing. Dr. h. c. Herwart Opitz und Dr.-Ing. Paul-Heinz Brammertz, Laboratorium für Werkzeugmaschinen und Betriebslehre der Rhein.-Westf. Technischen Hochschule Aachen

Untersuchung der Ursachen für Form- und Maßfehler bei der Feinbearbeitung

1961. 43 Seiten, 32 Abb. DM 15,20

HEFT 1011

Prof. Dr.-Ing. Dr. h. c. Herwart Opitz, Dr.-Ing. Günter Ostermann und Dipl.-Ing. Max Gappisch, Laboratorium für Werkzeugmaschinen und Betriebslehre der Rhein.-Westf. Technischen Hochschule Aachen

Untersuchung der Ursachen des Werkzeugverschleißes

1961. 63 Seiten, 37 Abb., 2 Tabellen. DM 23,90

HEFT 1015
Prof. Dr.-Ing. Walther Meyer zur Capellen, Lehrstuhl für Getriebelehre der Rhein.-Westf. Technischen Hochschule Aachen
Biegungs- und Lagerschwingungen in Kurbeltrieben
1962. 53 Seiten, 30 Abb., 2 Tabellen. DM 19,20

HEFT 1035
Dr.-Ing. Walter Rath, Lehrstuhl für Getriebelehre der Rhein.-Westf. Technischen Hochschule Aachen
Massenkräfte in den Lagern sphärischer Getriebe
1961. 81 Seiten, 40 Abb. DM 27,30

HEFT 1062
Dr.-Ing. Heinrich Pfeiffer, Aerodynamisches Institut der Rhein.-Westf. Technischen Hochschule Aachen
Leiter: Prof. Dr.-Ing. F. Seewald
Strömungsuntersuchungen an Kreiszylindern bei hohen Geschwindigkeiten
1962. 73 Seiten, 53 Abb. DM 26,—

HEFT 1065
Baurat Dipl.-Ing. Waldemar Gesell, Staatliche Ingenieurschule für Maschinenwesen, Duisburg
Beitrag über den Einfluß von Kornform und Körnung auf die Wirkungsweise von Strahlmitteln
1962. 212 Seiten, 116 Abb., 21 Tabellen. DM 49,—

HEFT 1066
Prof. Dr.-Ing. Walther Meyer zur Capellen und Dipl.-Ing. Karl-Albert Rischen, Lehrstuhl für Getriebelehre der Rhein.-Westf. Technischen Hochschule Aachen
Symmetrische Koppelkurven und ihre Anwendung
1962. 90 Seiten, 50 Abb. DM 29,—

HEFT 1070
Prof. Dr.-Ing. Dr. h. c. Herwart Opitz und Dr.-Ing. Hans-Hermann Herold, Laboratorium für Werkzeugmaschinen und Betriebslehre der Rhein.-Westf. Technischen Hochschule Aachen
Elektromechanische Kopiersteuerungen
1962. 102 Seiten, 74 Abb. DM 33,90

HEFT 1080
Prof. Dr.-Ing. Ludolf Engel, Bergakademie Clausthal
Theorie der handgeführten schlagenden Druckluftwerkzeuge und experimentelle Untersuchungen insbesondere an Abbauhämmern im normalen und anormalen Betrieb
1962. 86 Seiten, 53 Abb., 4 Tabellen. DM 39,—

HEFT 1097
Prof. Dr.-Ing. Dr. h. c. Herwart Opitz und Dipl.-Ing. Reinhard Thämer, Laboratorium für Werkzeugmaschinen und Betriebslehre der Rhein.-Westf. Technischen Hochschule Aachen
Verschleiß- und Schnittkraftuntersuchungen bei der Zahnradbearbeitung
1962. 40 Seiten, 34 Abb. DM 22,50

HEFT 1127
Prof. Dr.-Ing. Karl Leist †, Dr.-Ing. Heinz J. Oellers, Institut für Turbomaschinen der Rhein.-Westf. Technischen Hochschule Aachen
Beitrag zur Berechnung der inkompressiblen Unterschallströmung in ebenen Profilgittern auf elektrischen Digitalrechnern
1963. 90 Seiten, 34 Abb. DM 85,50

HEFT 1128
Prof. Dr.-Ing. Karl Leist †, Institut für Turbomaschinen der Rhein.-Westf. Technischen Hochschule Aachen; Dipl.-Ing. Hans Georg Wiening, Institut für Luftstrahlantriebe der Deutschen Versuchsanstalt für Luft- und Raumfahrt e. V.
Enzyklopädische Abhandlung über ausgeführte Strahltriebwerke
1963. 463 Seiten, 255 Abb., Tabellarische Zusammenstellung der Strahltriebwerke. DM 247,—

HEFT 1135
Prof. Dr.-Ing. Walther Meyer zur Capellen, Lehrstuhl für Getriebelehre der Rhein.-Westf. Technischen Hochschule Aachen
Konstruktion ebener Kurventriebe und vergleichende Analyse ihrer Bewegungsgesetze
1963. 59 Seiten, 29 Abb., 10 Tafeln. DM 34,80

HEFT 1143
Dr.-Ing. Helmut Scheele, Institut für Turbomaschinen der Rhein.-Westf. Technischen Hochschule Aachen, Prof. Dr.-Ing. W. Dettmering
Entwicklung einer Versuchsgasturbine zur Messung der Läufertemperaturen im Betrieb
1963. 100 Seiten, 37 Abb., davon 2 auf Faltblättern, 7 Tabellen. DM 49,50

HEFT 1145
Prof. Dr.-Ing. Dr. h. c. Herwart Opitz, Dr.-Ing. Hans Wilhelm Obrig und Dr.-Ing. Karlheinz Ganser, Laboratorium für Werkzeugmaschinen und Betriebslehre der Rhein.-Westf. Technischen Hochschule Aachen
Funkenerosive Bearbeitung. Untersuchung von Einflußgrößen bei der funkenerosiven Senkbearbeitung
1963. 70 Seiten, 58 Abb., 1 Tabelle. DM 38,50

HEFT 1146
Prof. Dr.-Ing. Dr. h. c. Herwart Opitz und Dipl.-Ing. Wilfried Lehwald, Laboratorium für Werkzeugmaschinen und Betriebslehre der Rhein.-Westf. Technischen Hochschule Aachen
Untersuchungen über den Einsatz von Hartmetallen beim Fräsen
1963. 73 Seiten, 69 Abb., 4 Tabellen. DM 44,—

HEFT 1147
Prof. Dr.-Ing. Dr. h. c. Herwart Opitz, Dr.-Ing. Paul Brammertz und Dipl.-Ing. Karl Friedrich Meyer, Laboratorium für Werkzeugmaschinen und Betriebslehre der Rhein.-Westf. Technischen Hochschule Aachen
Untersuchungen an keramischen Schneidstoffen
1963. 37 Seiten, 17 Abb., 5 Tabellen. DM 19,80

HEFT 1148
Prof. Dr.-Ing. Dr. h. c. Herwart Opitz und Dozent Dr.-Ing. Janez Peklenik, Laboratorium für Werkzeugmaschinen und Betriebslehre der Rhein.-Westf. Technischen Hochschule Aachen
Untersuchung an Meßsteuerungen
1963. 104 Seiten, 77 Abb., 6 Tabellen. DM 54,—

HEFT 1150
Prof. Dr.-Ing. Dr. h. c. Herwart Opitz, Dr.-Ing. Paul-Heinz Brammertz und Dr.-Ing. Ernst H. Kohlhage, Laboratorium für Werkzeugmaschinen und Betriebslehre der Rhein.-Westf. Technischen Hochschule Aachen
Untersuchungen zum Leistungsvergleich der Feinbearbeitungsverfahren
1963. 60 Seiten, 47 Abb. DM 31,20

HEFT 1182
Prof. Dr.-Ing. Alfred Kuhlenkamp und Dipl.-Ing. Ernst Reuter, Institut für Feinwerktechnik und Regelungstechnik der Technischen Hochschule Braunschweig
Entwicklung eines Drehmomenten-Meßgerätes
1963. 40 Seiten, 27 Abb. DM 18,90

HEFT 1226
Prof. Dr.-Ing. Walther Meyer zur Capellen und Dipl.-Ing. Bernd Janssen, Institut für Getriebelehre der Rhein.-Westf. Technischen Hochschule Aachen
Spezielle Koppelkurvenrast- und Schaltgetriebe
1964. 92 Seiten, 49 Abb., 3 Tabellen. DM 59,—

HEFT 1245
Prof. Dr.-Ing. Walther Meyer zur Capellen und Dipl.-Ing. Peter Danke, Lehrstuhl für Getriebelehre der Rhein.-Westf. Technischen Hochschule Aachen
Sechspunktige Kreisführungen durch das Gelenkviereck
1963. 48 Seiten, 31 Abb., 4 Tabellen. DM 35,—

HEFT 1246
Prof. Dr.-Ing. Dr. h. c. Herwart Opitz, Laboratorium für Werkzeugmaschinen und Betriebslehre der Rhein.-Westf. Technischen Hochschule Aachen
Über die dynamische Stabilität hydraulischer Steuerungen unter Berücksichtigung der Strömungskräfte
1964. 110 Seiten, 80 Abb. DM 66,—

HEFT 1293
Prof. Dr.-Ing. Dr. h. c. Herwart Opitz, Dozent Dr.-Ing. Janez Peklenik und Dr.-Ing. Klaus Brückner, Laboratorium für Werkzeugmaschinen und Betriebslehre der Rhein.-Westf. Technischen Hochschule Aachen
Untersuchung der Eigenschaften von Schleifkörpern und ihr Verhalten im Schleifvorgang
1964. 63 Seiten, 50 Abb., 14 Tabellen. DM 38,70

HEFT 1296
Prof. Dr. Georg Garbotz und Prof. Dr.-Ing. Sedad Ersoy, Institut für Baumaschinen und Baubetrieb der Rhein.-Westf. Technischen Hochschule Aachen
Untersuchungen über die Verdichtungswirkung von Tauchrüttlern
1964. 113 Seiten, 60 Abb., 17 Tabellen. DM 68,—

HEFT 1302
Prof. Dr.-Ing. Walther Meyer zur Capellen und Dr.-Ing. Erich Lenk, Lehrstuhl für Getriebelehre der Rhein.-Westf. Technischen Hochschule Aachen
Tafeln zur harmonischen Analyse der Bewegungen viergliedriger Gelenkgetriebe
1964. 153 Seiten, 16 Abb. DM 96,—

HEFT 1304
Prof. Dr.-Ing. Dr. h. c. Herwart Opitz und Dr.-Ing. Herbert de Jong, Laboratorium für Werkzeugmaschinen und Betriebslehre der Rhein.-Westf. Technischen Hochschule Aachen
Der Einfluß der Wälzgenauigkeit von Verzahnmaschinen auf die Fertigungsgenauigkeit und das Laufverhalten von Stirnradgetrieben
1964. 61 Seiten, 50 Abb. DM 39,50

HEFT 1309
Oberbaurat Dipl.-Ing. Waldemar Gesell, Staatliche Ingenieurschule für Maschinenwesen, Duisburg
Beitrag zur Arbeitsweise von Sandslingern
1964. 144 Seiten, 83 Abb., 10 Tabellen. DM 71,50

HEFT 1331
Prof. Dr.-Ing. Dr. h. c. Herwart Opitz, Dipl.-Ing. Dietrich Günther, Dipl. Ing. Martin Hoffmann und Dipl.-Ing. Heinz Schlotterbeck, Laboratorium für Werkzeugmaschinen und Betriebslehre der Rhein.-Westf. Technischen Hochschule Aachen
Untersuchungen an Werkzeugmaschinenspindeln, Wälzlagern und hydrostatischen Lagerungen
1964. 67 Seiten, 56 Abb. DM 41,—

HEFT 1348
Prof. Dr.-Ing. Dr. h. c. Herwart Opitz, Dr.-Ing. Wilfried König und Dipl.-Ing. Wolf-Dieter Neumann, Laboratorium für Werkzeugmaschinen und Betriebslehre der Rhein.-Westf. Technischen Hochschule Aachen
Einfluß verschiedener Schmelzen auf die Zerspanbarkeit von Gesenkschmiedestücken
1964. 99 Seiten, 64 Abb., 12 Tabellen. DM 59,—

HEFT 1356
Prof. Dr.-Ing. Dr. h. c. Herwart Opitz, Dr.-Ing. Wilfried König und Dipl.-Ing. Manfred Schütte, Laboratorium für Werkzeugmaschinen und Betriebslehre der Rhein.-Westf. Technischen Hochschule Aachen
Einfluß des Werkstoffes und der Werkstoffvorbehandlung auf die Oberflächengüten beim Räumen
1964. 61 Seiten, 22 Abb., zahlr. Diagramme. DM 45,50

HEFT 1357
Prof. Dr.-Ing. Dr. h. c. Herwart Opitz, Dr.-Ing. Rolf Umbach und Dipl.-Ing. Wilfried Dreyer, Laboratorium für Werkzeugmaschinen und Betriebslehre der Rhein.-Westf. Technischen Hochschule Aachen
Dynamische Versteifung von Werkzeugmaschinen durch gedämpfte Hilfsmassensysteme
1964. 74 Seiten, 40 Abb., 2 Tabellen. DM 49,50

HEFT 1382
Prof. Dr.-Ing. Dr. h. c. Herwart Opitz, Dozent Dr.-Ing. Janez Peklenik und Dipl.-Ing. Wilhelm Ernst, Laboratorium für Werkzeugmaschinen und Betriebslehre der Rhein.-Westf. Technischen Hochschule Aachen
Im Auftrage des Vereins Deutscher Schleifmittelwerke e. V., Forschungsgemeinschaft Schleifscheiben, Beuel
Untersuchung der Härte von Schleifkörpern
1964. 57 Seiten, 35 Abb., 2 Tabellen. DM 29,80

HEFT 1388
Prof. Dr.-Ing. Dr. h. c. Herwart Opitz und Dipl.-Ing. Karl Schwiegelshohn, Laboratorium für Werkzeugmaschinen und Betriebslehre der Rhein.-Westf. Technischen Hochschule Aachen
Entwicklung seismischer Drehfehlermeßgeräte mit niedrigen Eigenfrequenzen für die Verzahntechnik
1964. 106 Seiten, 56 Abb. DM 58,80

HEFT 1394
Prof. Dr.-Ing. Walther Meyer zur Capellen und Dipl.-Ing. Heinz Houben, Institut für Getriebelehre der Rhein.-Westf. Technischen Hochschule Aachen
Untersuchungen über elastische Schwingungen in periodischen Getrieben
1964. 63 Seiten, 29 Abb. DM 42,50

HEFT 1405
Prof. Dr.-Ing. Dr. h. c. Herwart Opitz und Dr.-Ing. Max Gappich, Laboratorium für Werkzeugmaschinen und Betriebslehre der Rhein.-Westf. Technischen Hochschule Aachen
Die Aufbauschneidenbildung bei der spanabhebenden Bearbeitung
1964. 90 Seiten, 72 Abb. DM 53,80

HEFT 1406
Prof. Dr.-Ing. Dr. h. c. Herwart Opitz, Dr.-Ing. Ernst H. Kohlhage und Dipl.-Ing. Alfred Ledergerber, Laboratorium für Werkzeugmaschinen und Betriebslehre der Rhein.-Westf. Technischen Hochschule Aachen
Untersuchung der Ursachen für Form- und Maßfehler bei der Feinbearbeitung
1965. 53 Seiten, 40 Abb., 3 Tabellen. DM 30,50

HEFT 1409
Prof. Dr.-Ing. Walther Meyer zur Capellen, Institut für Getriebelehre der Rhein.-Westf. Technischen Hochschule Aachen
Analytische Darstellung symmetrischer Koppelkurven
1964. 50 Seiten, 17 Abb. DM 31,80

HEFT 1429
Prof.-Dr.-Ing. Walther Meyer zur Capellen und Dipl.-Ing. Heinz Houben, Institut für Getriebelehre der Rhein.-Westf. Technischen Hochschule Aachen
Torsionsschwingungen im An- und Abtrieb von Viergelenkgetrieben
1965. 62 Seiten, 29 Abb. DM 43,70

HEFT 1450
Dr.-Ing. Hartmut Rosenberg, Aerodynamisches Institut der Rhein.-Westf. Technischen Hochschule Aachen
Direktor: Prof. Dr. phil. H. Naumann
Instationäre Strömungsvorgänge in Leitungssystemen mit flexibel-elastischen Rohrwänden
1964. 103 Seiten, 73 Abb. DM 68,—

HEFT 1476
Prof. Dr.-Ing. Dr. h. c. Herwart Opitz und Dr.-Ing. Werner Kalkert, Laboratorium für Werkzeugmaschinen und Betriebslehre der Rhein.-Westf. Technischen Hochschule Aachen
Der Einfluß der Fertigungsgenauigkeit und der Schmierfilmausbildung auf die Flankentragfähigkeit ungehärteter Stirnräder
1965. 55 Seiten, 43 Abb. DM 46,80

HEFT 1478
Dr.-Ing. Siegried Förster, Institut für Strahlantriebe und Turboarbeitsmaschinen der Rhein.-Westf. Technischen Hochschule Aachen
Direktor: Prof. Dr.-Ing. W. Dettmering
Pneumatisches Verfahren zur Messung hoher und zeitlich schnell veränderlicher Gastemperaturen
1965. 158 Seiten, 68 Abb. DM 60,—

HEFT 1497
Prof. Dr.-Ing. Dr. h. c. Herwart Opitz, Dr.-Ing. Friedhelm Hensen und Dipl.-Ing. Dietrich Domrös, Laboratorium für Werkzeugmaschinen und Betriebslehre der Rhein.-Westf. Technischen Hochschule Aachen
Verschleißuntersuchungen an Werkzeugmaschinen-Führungen unter besonderer Berücksichtigung des Freßverschleißes
1965. 41 Seiten, 31 Abb. DM 28,50

HEFT 1532
Prof. Dr.-Ing. Dr. h. c. Herwart Opitz, Dr.-Ing. Helmut Frank, Dipl.-Ing. Wilhelm Ernst und Dipl.-Ing. Otto Daude, Laboratorium für Werkzeugmaschinen und Betriebslehre der Rhein.-Westf. Technischen Hochschule Aachen
Untersuchungen über den Einfluß des Schleifscheibenaufbaues und der Zerspanungsbedingungen auf die Ausbildung der Schneidfläche der Schleifscheibe im Hinblick auf das Arbeitsergebnis
1965. 77 Seiten, 49 Abb., 2 Tabellen. DM 47,—

HEFT 1548
Dipl.-Ing. Alfred F. Steinegger und Dipl.-Ing. Siegfried Jentzsch, Forschungsinstitut der Gesellschaft zur Förderung der Glimmentladungsforschung e. V., Köln
Direktor: Prof. Dr. Gerhard Schmid
Der Einfluß der Wasserstoffvorbehandlung auf das Ionitrieren von Stahl
1965. 35 Seiten, 26 Abb., 7 Tabellen. DM 24,80

HEFT 1563
Prof. Dr.-Ing. Dr. h. c. Herwart Opitz und Dipl.-Ing. Jürgen Schunck, Laboratorium für Werkzeugmaschinen und Betriebslehre der Rhein.-Westf. Technischen Hochschule Aachen
Untersuchung des Einflusses von Wärmedehnungen bei Werkzeugmaschinen auf die Fertigungsstabilität
1965. 47 Seiten, 47 Abb. DM 32,70

HEFT 1564
Prof. Dr.-Ing. Alfred H. Henning †, Prof. Dr.-Ing. habil. Karl Krekeler und Dipl.-Ing. Friedrich Mittrop, Institut für Kunststoffverarbeitung in Industrie und Handwerk der Rhein.-Westf. Technischen Hochschule Aachen, in Zusammenarbeit mit der Forschungsgesellschaft Blechverarbeitung e. V., Düsseldorf
Untersuchungen über die Kombination Metallkleben–Punktschweißen
1965. 31 Seiten, 20 Abb., 3 Tabellen. DM 19,80

HEFT 1567
Dr.-Ing. Jürgen von der Linde, Institut für Maschinen-Gestaltung und Maschinen-Dynamik der Rhein.-Westf. Technischen Hochschule Aachen
Leiter: Prof. Dr.-Ing. Karl Lürenbaum
Die Schallabstrahlung von Rollenketten-Getrieben
1965. 74 Seiten, 55 Abb. DM 47,50

HEFT 1572
Prof. Dr.-Ing. Dr. h. c. Herwart Opitz und Dr.-Ing. E. Schaller, Laboratorium für Werkzeugmaschinen und Betriebslehre der Rhein.-Westf. Technischen Hochschule Aachen
Untersuchung der Ursachen des Werkzeugverschleißes
1966. 89 Seiten, 39 Abb., 5 Tabellen. DM 52,80

HEFT 1575
Prof. Dr.-Ing. h. c. Herwart Opitz, Dipl.-Ing. Maßberg, Dipl.-Ing. Derichs, Dipl.-Ing. Schmitt und Dipl.-Ing. Möbius, Laboratorium für Werkzeugmaschinen und Betriebslehre der Rhein.-Westf. Technischen Hochschule Aachen
Automatisierung der Werkzeugmaschinen für die spanabhebende Bearbeitung
1966. 117 Seiten, 88 Abb., 2 Tabellen. DM 79,50

HEFT 1576
Prof. Dr.-Ing. Dr. h. c. Herwart Opitz, Dr.-Ing. Karl Poerschke und Dipl.-Ing. Dipl.-Wirtschafts-Ing. Bernd Schumacher, Laboratorium für Werkzeugmaschinen und Betriebslehre der Rhein.-Westf. Technischen Hochschule Aachen
Untersuchung und Weiterentwicklung neuer Metallbearbeitungsverfahren
Funkenerosive Bearbeitung
1966. 72 Seiten, 65 Abb., 1 Tabelle. DM 48,—

HEFT 1592
Prof. Dr.-Ing. habil. Dr. h. c. Max Fink und Dr.-Ing. Alfred E. Steinegger, Institut für Fördertechnik und Schienenfahrzeuge der Rhein.-Westf. Technischen Hochschule Aachen
Direktor: Prof. Dr.-Ing. habil. Dr. h. c. Max Fink, und Forschungsinstitut der Gesellschaft zur Förderung der Glimmentladungsforschung e. V., Köln
Direktor: Prof. Dr. Martin Schmeißer
Die Erscheinung der Reiboxydation an ionitrierten Stahloberflächen
1965. 83 Seiten, 10 Abb., 16 Tabellen, 15 Tafeln. DM 49,50

HEFT 1593
Prof. Dr.-Ing. Walther Meyer zur Capellen und Dipl.-Ing. F. Heinrich Lehn, Institut für Getriebelehre der Rhein.-Westf. Technischen Hochschule Aachen
Kinematische Kenngrößen der ebenen elliptischen und der räumlichen Schleifen
1966. 86 Seiten, 69 Abb. DM 69,90

HEFT 1611
Prof. Dr.-Ing. Walther Meyer zur Capellen, Dr.-Ing. G. Dittrich und Dipl.-Ing. B. Janssen, Institut für Getriebelehre der Rhein.-Westf. Technischen Hochschule Aachen
Systematik und Kinematik ebener und sphärischer Viergelenkgetriebe *In Vorbereitung*

HEFT 1612
Dr.-Ing. Jean Foucher, Institut für Werkzeugmaschinen und Umformtechnik der Technischen Hochschule Hannover, in Zusammenarbeit mit der Forschungsgesellschaft Blechverarbeitung e. V., Düsseldorf
Auswirkung rasch verlaufender Kräfte auf ausladende Pressengestelle *In Vorbereitung*

HEFT 1617
Dr.-Ing. Alfred F. Steinegger und Dipl.-Ing. Josef Kläusler, Forschungsinstitut der Gesellschaft zur Förderung der Glimmentladungsforschung e. V., Köln
Direktor: Prof. Dr. Martin Schmeißer
Untersuchung der Notlaufeigenschaften ionitrierter Laufflächen bei gleitender Reibung
1966. 39 Seiten, 28 Abb., 5 Tabellen. DM 24,20

HEFT 1655
Baudirektor Dipl.-Ing. Waldemar Gesell, Staatliche Ingenieurschule für Maschinenwesen, Bochum
Beitrag zur Untersuchung von Formsandmischern
In Vorbereitung

HEFT 1656
Dr.-Ing. Herbert Müllejans, Lehrstuhl für Wärmeübertragung und Klimatechnik an der Rhein.-Westf. Technischen Hochschule Aachen
Über die Ähnlichkeit der nicht-isothermen Strömung und den Wärmeübergang in Räumen mit Strahllüftung *In Vorbereitung*

HEFT 1658
Privatdozent Dr. Ing. Helmut Zeller, Aerodynamisches Institut der Rhein.-Westf. Technischen Hochschule Aachen
Direktor: Prof. Dr. phil. Alexander Neumann
Eindimensionale Strömung in Strahlapparaten
1966. 116 Seiten, 32 Abb., 4 Tabellen, 24 Diagramme. DM 95,80

HEFT 1676
Prof. Dr.-Ing. Dr. h. c. Herwart Opitz, Dr.-Ing. Wilfried Lehwald und Dipl.-Ing. Wolf-Dieter Neumann, Laboratorium für Werkzeugmaschinen und Betriebslehre der Rhein.-Westf. Technischen Hochschulen Aachen
Untersuchungen über den Einsatz von Hartmetallen beim Schrupp- und Schlichtfräsen von Stahl mit Messerköpfen

GPSR Compliance

The European Union's (EU) General Product Safety Regulation (GPSR) is a set of rules that requires consumer products to be safe and our obligations to ensure this.

If you have any concerns about our products, you can contact us on ProductSafety@springernature.com

In case Publisher is established outside the EU, the EU authorized representative is:

Springer Nature Customer Service Center GmbH
Europaplatz 3
69115 Heidelberg, Germany

Batch number: 10584556

Printed by Printforce, the Netherlands